Lenk- und Abwurfwaffen

der NATO-Luftwaffen

Jeremy Flack

Motor buch Verlag

Einbandgestaltung: Luis Dos Santos unter Verwendung von Vorlagen aus dem Buch und eines Tornado-Motivs von Bernd und Frank Vetter.

Die englische Ausgabe erschien 2002 unter dem Titel *NATO Air Launched Weapons* bei The Crowood Press Ltd, Ramsbury, Marlborough Wiltshire, SN8 2HR, England.
© Text: The Crowood Press 2002
© Illustrationen: Aviation Photograph International (API) 2002
Alle Fotografien stammen – sofern nicht gesondert ausgewiesen – vom Verfasser oder der
API Photo Library.

Ins Deutsche übertragen von **Wolf Westerkamp**

ISBN 3-613-02525-6

1. Auflage 2005
Copyright © by Motorbuch Verlag, Postfach 103743, D-70032 Stuttgart.
Ein Unternehmen der Paul Pietsch Verlage GmbH & Co.

Sie finden uns im Internet unter www.motorbuch-verlag.de

Lektor: Martin Benz M.A.
Innengestaltung: Jürgen Knopf, Printprodukte, 74321 Bietigheim
Druck und Bindung: Graspo, CZ-76302 Zlin
Printed in Czech Republic

INHALT

Die Entwicklung der Flugzeugbewaffnungen verlief ebenso stürmisch wie die allgemeine Entwicklung in der 100-jährigen Geschichte der Luftfahrt. Da sie zunächst nur Ballone als Aufklärungsplattform ersetzen sollten, waren die ersten Militärflugzeuge noch unbewaffnet, obwohl die Piloten oft eine Pistole dabei hatten für den Fall, dass sie hinter den feindlichen Linien landen mussten. Die gegnerischen Flugzeuge trafen sich nur selten, stießen sie aber aufeinander, dann versuchten sie, sich aufs Geratewohl zu beschießen. Und beim Überfliegen von Feindgebiet hielt der Abwurf einiger Handgranaten die Köpfe des Gegners unten, während man seine Stellungen erkundete.

Es dauerte nicht lange, bis diese wahllosen und primitiven Methoden verbessert wurden. Die Pistolen wurden durch MGs ersetzt und führten zu Jagdflugzeugen. Desgleichen führte der Abwurf von Handgranaten und Fliegerpfeilen zu Bombern, aber die leichte Bauweise und die schwachen Motoren der damaligen Flugzeuge begrenzten ihre Wirkung. Auch Luftschiffe warfen Bomben ab, aber auch die waren klein und beschränkten sich oft auf Brandbomben. Am Ende des Ersten Weltkriegs jedoch war die Bombenkapazität einer Handley Page 0/100 bereits auf sechzehn 51-kg-Bomben gestiegen.

Im Zweiten Weltkrieg entwickelte sich das Flugzeug zur vorherrschenden Waffe und brachte Jagdflugzeuge wie die Spitfire, die P-51 Mustang und die Bf 109 hervor – zwar bestand ihre Bewaffnung noch immer aus MGs, die aber waren jetzt weiterentwickelt und schlossen großkalibrige Bordkanonen mit ein. Ihr Erfolg hing von den Flugleistungen und dem Können der Piloten im Luftkampf ab.

Fortschritte in der Bomberfertigung führten dazu, dass immer größere Bombenlasten mitgeführt wurden. Gegen Ende des Krieges konnten modifizierte Lancaster die 10.000-kg-Bombe Grand Slam tragen. Auch die Zieltechnik wurde verbessert, beschränkte sich aber meist auf Bombenteppiche, die große Gebiete in den Städten verwüsteten: Präzisionsabwurf war noch immer relativ schwierig und um die Zerstörung von Zielen sicherzustellen, wurden große Bomberflotten benötigt, die manchmal aus 1000 Bombern bestanden. Diese Vernichtungsangriffe forderten hohe Verluste unter der Zivilbevölkerung. Für genaue Präzisionsangriffe waren andere Flugprofile erforderlich. Bekannt geworden sind etwa der Stuka-Angriff des Oberleutnant Hans-Ulrich Rudel auf das sowjetische Schlachtschiff „Marat" vom 23. September 1941

oder die RAF-Attacke vom 18. Februar 1944 auf das Gefängnis von Amiens, bei dem tief fliegende Mosquito-Bomber den unteren Teil eines Gebäudes zerstörten, in dem in den oberen Stockwerken französische Widerstandskämpfer festgehalten wurden: Sie überlebten. Der 2. Weltkrieg endete mit dem Abwurf der beiden Atombomben auf zwei zivile Ziele.

Die Deutschen begannen gegen Ende des Krieges mit Erfolg alliierte Bomberformationen mit Raketen anzugreifen, die allerdings konnten nur noch in begrenzter Stückzahl hergestellt werden. Zu den Entwicklungen zählte bei Ende des Krieges auch die Drahtlenkung. Seit Mitte des Krieges benutzten beide Seiten auch Raketen zum Angriff auf Bodenziele: Die ersten Muster der RAF waren Feststoffraketen mit einem Gefechtskopf aus massivem Stahl, die sich gegen Panzer und U-Boote bewährten. Sie waren meist ungelenkt und ihre Treffgenauigkeit hing vom Können des Piloten ab. Allerdings wurden auch einige funkgesteuerte Bomben unterschiedlicher Treffsicherheit entwickelt und sogar primitive Gleitbomben mit Fernseh- und Infrarotsteuerung.

Die Fortschritte der 50er Jahre führten zu einer Vielzahl verheerender Waffen wie zu Luft-Luft-Lenkflugkörpern mit nuklearen Gefechtsköpfen, die mitten in Bomberformationen explodieren sollten, und zu einer Serie von nuklearen Luft-Boden-Lenkflugkörpern. Zum Glück wurden diese Waffen nie eingesetzt, dafür aber wurden viele konventionelle Flugzeugbewaffnungen ständig weiterentwickelt.

Die ungelenkten Luft-Luft-Raketen, mit denen Feindflugzeuge abgeschossen werden sollten, führten schließlich zu Lenkflugkörpern. Zunächst hatten diese Lenkflugkörper nur eine geringe Reichweite und ihr Wärme suchendes Infrarot-Lenksystem war nur begrenzt zuverlässig: Sie konnten leicht von der Sonne abgelenkt werden oder sogar durch Reflexionen von Seen. Lenkflugkörper wie die radargelenkte AIM-7 Sparrow und die wärmegelenkte AIM-9 Sidewinder wurden in den späten 40er Jahren entwickelt und erlangten Mitte der 50er Einsatzreife. Die Sowjets stellten einen offensichtlichen Sidewinder-Nachbau her; er wurde Anfang der 60er Jahre in Dienst gestellt.

Mit dem Vietnamkrieg kamen die „Wild-Weasel"-Flugzeuge auf, die Flugzeugformationen mit dem Radarbekämpfungs-Lenkflugkörper Shrike vor Flugabwehrraketen des Gegners schützen sollten. Sie verringerten die amerikanischen Flugzeugverluste von 5,7 Prozent 1965 auf 1,75 Prozent 1967. Während B-52D, die bis zu 27.000 kg Bomben tragen konnten, weiterhin Bombenteppiche abwarfen, wurden Lenkwaffen konzentriert weiterentwickelt und führten Mitte der 60er Jahre zur Laserlenkbombe Paveway.

Als die Miniaturelektronik die bisherige Röhrentechnologie ablöste, wurde eine breite Vielfalt von Flugzeugwaffen ermöglicht. In den letzten 40 Jahren wurden nicht nur ihre Zuverlässigkeit und ihre Genauigkeit stetig verbessert, sondern auch ihre Fähigkeiten, vor allem mit Übernahme des Navigationssystems GPS (Global Positioning System) in Lenkflugkörper und Bomben.

Erstmalig in den mehr als 50 Jahren ihres Bestehens zählen jetzt auch sowjetische Waffen zum Inventar der NATO. Nach dem Ende des Kalten Krieges traten frühere Mitglieder des Warschauer Paktes – Ungarn, Polen, Tschechien und mit der Wiedervereinigung auch die frühere DDR – der NATO bei. Auch andere Länder sind an einem Beitritt interessiert, folglich können in Zukunft noch weitere Flugzeugwaffen zum Bestand der NATO hinzukommen.

Als dieses Buch verfasst wurde, war nicht immer klar, welche älteren Waffen noch für einen möglichen Einsatz bereitgehalten werden. Zwar sind viele veraltete Waffen zerstört worden, andere wurden verkauft oder an andere Länder innerhalb oder außerhalb der NATO weitergegeben, aber manche werden auch in Reserve gehalten, obwohl man sie selten zu sehen bekommt. Manchmal sieht man sie bei Manövern oder auf Schießplätzen, wo die Flugzeugbesatzungen ihren Einsatz üben. Die Hochtechnologie moderner Waffen hat natürlich ihren Preis und nur wenige veraltete Waffen können im Verhältnis 1:1 ersetzt werden. Oft allerdings bedeutet die verbesserte Zielwirkung der neuen Waffen, dass man sie nicht in derselben Stückzahl benötigt, um den gleichen Erfolg zu erzielen.

In der Vergangenheit hat jedes Land die Waffen erworben, die es zu benötigen glaubte. Dass dabei bestimmte Waffen anderen vorgezogen wurden, folgt nicht immer und unbedingt einer militärischen Logik, da auch politische Überlegungen berücksichtigt werden müssen: Die Beschäftigung der Arbeiterschaft der Käufernation und/oder der Wechselkurs können den Ausschlag geben. Als sicher gilt auch, dass gerade die amerikanische Rüstungsindustrie an den Kriegen am Golf und in Afghanistan gut verdiente. Als Folge enthalten die Waffenarsenale der NATO-Mitglieder viele einander ähnliche Waffen, die vergleichbaren Zielen dienen. Obwohl die NATO-Staaten in der Vergangenheit viele gemeinsame Übungen abgehalten haben, können diese Manöver den Ernstfall nicht ersetzen – diese unterschiedliche Ausrüstung sorgte zum Beispiel bei den Balkaneinsätzen für einige Probleme. Schwierigkeiten entstanden etwa, wenn die Einsatzfähigkeiten von Gerät oder Waffen mit vergleichbarer Einsatzrolle nicht exakt zueinander passten oder eine leicht veränderte Einsatzführung voraussetzten. Dieses Problem kann vermutlich nie vollständig gelöst werden, aber Kompensationsgeschäfte könnten zur Lösung beitragen: Dabei muss das Land, das die Waffen herstellt und verkauft, Güter vergleichbaren Wertes im Käuferland erwerben. Und die derzeitige Verringerung der Anzahl der Waffenhersteller kann die Standardisierung der Waffen durchaus verbessern.

Ich habe dieses Buch in die Kapitel Luftzielbekämpfung, Bodenzielbekämpfung und Seezielbekämpfung unterteilt. Darüber hinaus habe ich das Kapitel Neuentwicklungen von Waffen angefügt, die in Kürze von NATO-Staaten in Dienst gestellt werden oder noch in Entwicklung sind und später übernommen werden könnten. Während ich hoffe, dass die Hauptkapitel vollständig und umfassend sind, ist das letzte Kapitel eher subjektiv – es soll die Spannweite und die Fähigkeiten von Waffen aufzeigen, wie sie in Zukunft vielleicht eingesetzt werden.

Ich habe auch einige Raketenabschussgondeln aufgenommen, aber die sind nur repräsentativ und keineswegs vollständig. Russland und die Staaten des früheren Warschauer Paktes verfügen über eine Vielzahl von Bomben und Streuwaffen und zudem noch über viele ältere Waffen. Diese Ausgabe enthält nur eine repräsentative Auswahl.

Sollten meine Leser feststellen, dass ich in den Hauptkapiteln irgendwelche Waffen ausgelassen habe, würde ich gerne von ihnen hören, besonders wenn sie Fotos von diesen Waffen besitzen. Ich bin zu erreichen über: Aviation Photographs International, 15 Downs View Road, Swindon, Wiltshire, SN3 1NS, Großbritannien.

Mein Dank gilt den verschiedenen Herstellern, die mir Informationen und Fotografien überlassen haben. Ich bedanke mich zudem bei Tech Sgt Langden von der 49. Ordnance Group und seiner Mannschaft, die mir zahlreiche Waffen der USAF zum Fotografieren bereitgestellt haben.

Darüber hinaus danke ich Wendy Buckle, der Cranfield University und dem Royal Military College of Science für ihre hilfreiche Unterstützung.

Hersteller:	Unbekannt
Land:	Russland
Durchmesser:	7,2 cm
Spannweite:	25 cm
Länge:	1,69 m
Gewicht:	10,8 kg

Die 9M313 Igla entspricht in ihrer Größe dem US-Lenkflugkörper Stinger und durchlief eine ähnliche Entwicklung. Auch sie wurde Mitte der 70er Jahre zunächst als Boden-Luft-Lenkflugkörper konstruiert und anschließend als Luft-Luft-Flugkörper für Hubschrauber weiterentwickelt. Von der Igla gibt es zwei Modelle. Die 9M313 Igla 1 erhielt die NATO-Kennung SA-16 „Gimlet" und die 9M39 die Kennung SA-18 „Grouse". Während nur wenig über den Unterschied zwischen den beiden Flugkörpern bekannt ist, ist das Startgerät leicht an der konischen Schutz-

Zwei 9M39 in ihrem Startgerät. Die kugelförmigen Objekte sind Stickstoffbehälter zur Kühlung der Infrarotsuchköpfe.

abdeckung vorn zu erkennen. Die Igla wird von Ka-50, Mi-17, Mi-24 und Mi-28 eingesetzt und wurde von vielen Streitkräften mit diesen Hubschraubern übernommen, so auch von Polen, Tschechien und Ungarn.

Hersteller:	Raytheon (Hughes)
Land:	USA
Durchmesser:	20,3 cm
Spannweite:	1,02 m
Länge:	3,66 m
Gewicht:	229 kg
Höchstgeschwindigkeit:	Mach 3,5
Reichweite:	48+ km

Die Entwicklung des Lenkflugkörpers AIM-7A Sparrow I durch Sperry begann Mitte der 40er Jahre; es war ein ganz anderer und primitiver Flugkörper verglichen mit der heutigen Sparrow, die aus allen Winkeln, bei jedem Wetter und in jeder Höhe eingesetzt werden kann. Die AIM-7A wurde Mitte der 50er Jahre in Dienst gestellt und arbeitete mit Leitstrahllenkung. Die Douglas AIM-7B Sparrow II mit aktivem Radar wurde von der US-Marine aufgege-

AIM-9 Sidewinder (an der Tragflächenspitze) und AIM-7 Sparrow (darunter) schützen das Flugzeug – hier eine kanadische CF-18A Hornet – auf kurze und mittlere Entfernung.

ben, später auch von den Kanadiern. Die Raytheon AIM-7C Sparrow III wurde Mitte der 50er Jahre entwickelt, hatte einen halbaktiven Radarzielsuchkopf und wurde von der US-Marine übernommen. Die AIM-7D ersetzte den Feststoffantrieb durch Flüssigkeit und wurde von USAF und USN als AIM-101 gekauft. Die AIM-7E kehrte zum Feststoff zurück und wurde zur Basis verschiedener Varianten. Die AIM-7E2 mit erhöhter Wendigkeit war für geringe Entfernungen optimiert; in Italien wurde die E zur Aspide weiterentwickelt, in England zur Sky Flash und für die US-Marine zur RIM-7H Sea Sparrow zum Schutz von Kriegsschiffen. Die AIM-7F hatte Feststoffelektronik, einen stärkeren Antrieb und einen größeren Gefechtskopf; General Dynamics Pomona wurde zweiter Hersteller. Aus ihr wurde die RIM-7F Sea Sparrow entwickelt. Die Produktion wurde mit der AIM-7M mit digitalem, halbaktivem Monopuls-Radarsuchkopf ähnlich dem der englischen Sky Flash fortgesetzt, was die Fähigkeiten der Sparrow weiter steigerte; zusätzlich bekam sie einen Splittergefechtskopf. Die AIM-7P wurde für den Tiefflugeinsatz gegen Lenkflugkörper verbessert. Die AIM-7R vereinigte den SAR-Kopf mit Mehrbetriebsarten-IR, um den Einfluss von Störzielen zu verringern; die RIM-7R Sea Sparrow war eine Untervariante. Außerdem war die Sparrow die Basis für den Antiradar-Lenkflugkörper AGM-45 Shrike. Im ersten Golfkrieg wurden insgesamt 25 irakische Flugzeuge mit der Sparrow abgeschossen. Während ihrer Dienstzeit wurde die Sparrow in großer Zahl hergestellt: allein von den Modellen AIM-7A, B, C, D und E 34.000 Stück. Die jetzigen Modelle werden von F-4, F-14, F-15, F-16, F-104 und F/A-18 eingesetzt, und zwar von den USA und weltweit anderen Luftwaffen, darunter in Italien, Kanada, Portugal, Spanien und der Türkei.

Hersteller:	Raytheon/Loral
Land:	USA
Durchmesser:	12 cm
Spannweite:	63 cm
Länge:	2,80 m
Gewicht:	86 kg
Höchstgeschwindigkeit:	Mach 2+
Reichweite:	16+ km

Der Entwurf der Sidewinder begann Ende der 40er Jahre im US Naval Weapons Center im kalifornischen China Lake. Der Lenkflugkörper flog erstmalig 1953 und wurde 1956 in Dienst gestellt. Sein Erfolg beruht auf seiner einfachen Bauweise: Er war leicht herzustellen und preiswert. Die AIM-9A war der Prototyp und ging nicht in Serie. Die AIM-9B war nur auf sehr geringe Entfernungen wirksam und konnte nur Ziele innerhalb eines Winkels von ± 30° auffassen; das Ziel musste sich praktisch direkt vor dem IR-Suchkopf befinden. Gemessen an der verfügbaren Technologie war der IR-Suchkopf von Philco mit seinen Vakuumröhren, eingebaut in ein 12-cm-Rohr, auf der Höhe seiner Zeit. Für die amerikanischen und europäischen Streitkräfte wurden über 100.000 Stück gebaut. Die AIM-9C der zweiten Generation war eine halbaktive Radarsuchversion von Motorola für die USN, während die noch erfolgreichere AIM-9D von Ford gebaut wurde.

Unten: *Hier bereitet Bodenpersonal in ABC-Schutzkleidung die echten Lenkflugkörper für eine Übung vor. Die Bugkappen schützen die Sensorlinse. Die ungewöhnlichen Heckflossen, die sich im Luftstrom drehen, verleihen ihnen eine kreiselgestützte Stabilität.*

Eine inaktive AIM-9M Übungs-Sidewinder mit doppelten Deltakopfrudern hängt unter einer A-10A Thunderbolt 2 der USAF. Am nächsten Träger hängt eine AGM-65 Maverick, ebenfalls inaktiv. Obwohl sie keine Gefechtsköpfe haben, werden sie noch immer bei Einsatzübungen mitgeführt, da sich ihre Sensoren auf Ziele aufschalten können.

1982 wurden überschüssige AIM-9C zur Bekämpfung von Strahlungsquellen umgerüstet; sie wurden 1989 als AGM-122A Sidearm in Dienst gestellt. Die AIM-9E wurde mit größerem Erfassungswinkel und effizienterem Suchkopf für die USAF entwickelt; viele ältere B-Modelle wurden entsprechend umgerüstet. Die AIM-9G der USN hatte einen verbesserten D-Suchkopf, wurde aber bald übertroffen von der AIM-9H mit Mikroelektronik und der Fähigkeit, auch seitwärts auf das Ziel aufzuschalten. Zudem hatte sie vorn ein Entenleitwerk, das sie noch wendiger machte. Die AIM-9J verfügte wie die nachgebauten B- und E-Modelle über eine verbesserte Elektronik und Kopfruder.

Die AIM-9L der nächsten Generation hatte einen neuen Suchkopf, der in alle Richtungen auffassen konnte. Der Sensor konnte Reibungshitze an Rumpf und Flächen erfassen, aber diese Technologie hatte ihren Preis, da sie starke Kühlung erforderte. Dazu benutzte man Stickstoff, aber das bedeutete, dass man die „Lima" nicht lange eingeschaltet lassen durfte – und wenn man sie einschaltete, brauchte sie eine Aufwärmzeit, bevor sie wirksam wurde. Sie hatte Flossen größerer Spannweite und einen Splittergefechtskopf mit Metallteilen, die das Ziel durchlöcherten. Die Lima war so gebaut, dass man sie lange lagern und auch lange an Flugzeugen mitführen konnte. Die US-Produktion begann 1976; Anfang der 80er Jahre bauten die Europäer sie in Lizenz. 1982 waren RAF und RN im Falklandkrieg eingesetzt, aber die europäische Lima war noch nicht im Einsatz. Folglich lieferten die USA 100 aus eigenen Beständen: Rund 25 argentinische Flugzeuge wurden mit diesen Lenkflugkörpern abgeschossen. Die AIM-9M konnte Täuschkörper, die vom Ziel abgeworfen wurden, vom echten Ziel unterscheiden. Sie wurde von verschiedenen Herstellern in hoher Stückzahl für die meisten NATO-Länder gebaut und ist noch immer in hoher Zahl an vielen Flugzeugtypen im Einsatz. Die AIM-9N ist das verbesserte J-Modell, von dem viele exportiert wurden, und die AIM-9P entsprach den verbesserten B-, E- und J-Modellen plus Neuproduktion. Die AIM-9R war ein verbessertes M-Modell, dann aber wurde die Arbeit an ihr eingestellt. Die AIM-9S ist der AIM-9M ähnlich, hat aber einen stärkeren Gefechtskopf. Die AIM-9X rundet die Sidewinder-Familie ab. Im Dezember 1996 erhielt Raytheon vom Naval Air Systems Command den alles umfassenden Vertrag für ihre Entwicklung, Konstruktion und Herstellung. Obwohl sie früheren Modellen ähnlich ist und aus Kostengründen denselben Raketenmotor, jetzt mit Schubvektorsteuerung, und denselben Gefechtskopf benutzt, hatte der Originalentwurf von Hughes Missiles Systems (jetzt ein Teil von Raytheon) einen neuen, für AS-RAAM entwickelten IR-Suchkopf, der das ganze Ziel „sieht", sich die Trefferstelle aussucht und weniger störanfällig ist. Den ersten gelenkten Abschuss einer AIM-9X machte eine F/A-18 Hornet am 1. Juni 1999. Im Einsatz wird sie die F-15C/E, F-16 und F-22 der USAF sowie die F/A-18 Hornet von USN und USMC bewaffnen. Die USAF benötigt für die nächsten 17 Jahre 5080, die USN 5000 Stück. Der

Die AIM-9J-, N- und P-Modelle tragen vorn alle das Entenleitwerk. Die anderen Geräte braucht man, um bei Kunstflugvorführungen einer F-16 Fighting Falcon Rauch zu erzeugen.

erste Vertrag über eine geringe Stückzahl wurde im November 2000 abgeschlossen. Die deutsche Firma BGT entwickelte einen Umrüstsatz für vorhandene AIM-9J-, N- und P-Modelle auf Lima-Standard, AIM-9JULI genannt. Verschiedene Versionen der AIM-9 wurden als Boden-Luft-Variante entwickelt, so etwa die MIM-72 Chaparral der US Army. Die AIM-9 Sidewinder wird weltweit von über 40 Nationen eingesetzt inklusive aller derzeitiger NATO-Länder mit Ausnahme der kürzlich beigetretenen osteuropäischen Länder. Sie wurde oder wird noch von einer Vielzahl von Flugzeugen mitgeführt, so etwa von A-4, A-6, A-7, A-10, F-4, F-5, F-14, F-15, F-16, F/A-18, F-20, F-104, F-111, Harrier, Hawk, JA 37 Viggen, Jaguar, Kfir, OV-10, MiG-21, Mirage 3, Mirage F1, Mitsubishi F-1, Nimrod MR.2, Sea Harrier, Tornado F.3, Tornado GR.1/4 sowie von den Hubschraubern AH-64A Apache und AH-1 Cobra.

Unten: *An den Flächenspitzen einer F/A-18F Super Hornet der USN hängt eine AIM-9X, das derzeitige Produktionsmodell der Sidewinder mit Schubvektorsteuerung.*

Hersteller:	Raytheon (Hughes)
Land:	USA
Durchmesser:	38 cm
Spannweite:	92 cm
Länge:	3,96 m
Gewicht:	446 kg
Reichweite:	134 km

Der Luft-Luft-Lenkflugkörper großer Reichweite AIM-54 Phoenix wurde Anfang der 60er Jahre von Hughes für die F-111B der USN entwickelt, die aber 1967 nicht übernommen wurden. Daraufhin wurde die Phoenix zusammen mit dem AWG-9-Radar für die F-14 Tomcat weiterentwickelt. Die erste Phoenix wurde im April 1972 von einer Tomcat abgeschossen; 1974 stellte die USN die Phoenix in Dienst. Das Radar kann Ziele über eine Entfernung von mehr als 213 km auffassen und alle sechs Flugkörper gleichzeitig auf verschiedene Ziele lenken. Die Phoenix wird ins Ziel gelenkt, indem das AWG-9-Radar der F-14 das Ziel beleuchtet. Wenn sie 16 km vom Ziel entfernt ist, schaltet sie für die Endphase des Angriffs auf ihre eigene aktive Radarführung. Außer Feindflugzeugen kann die Phoenix auch feindliche Marschflugkörper zerstören. Zu den Varianten der Phoenix zählt die AIM-54B, die einfacher konstruiert ist, um die Kosten von 1 Mio $ pro Phoenix zu senken. Die AIM-54C wurde 1985 eingeführt; sie hat ein digitales Radarführungssystem. Ihre Reichweite wurde auf 148 km erhöht, zudem bekam sie einen verbesserten Annäherungszünder. Insgesamt wurden 2566 AIM-54 Phoenix gebaut, die nur von den F-14 Tomcat der US-Marine eingesetzt werden. Eine Anzahl modifizierter Phoenix wurde an den Iran für dessen F-14 verkauft, aber

vermutlich sind nur noch wenige, wenn überhaupt, im Einsatz. Die F-14 kann sechs Phoenix mitführen, meist aber trägt sie eine Mischung von Flugkörpern großer, mittlerer und geringer Reichweite wie etwa AIM-7 Sparrow und AIM-9 Sidewinder.

Oben: *Waffenwarte bringen eine AIM-54 Phoenix über das Flugdeck zu einer wartenden F-14 Tomcat.*

Unten: *Eine F-14A Tomcat des PMTC schießt einen Lenkflugkörper des Typs AIM-54 Phoenix ab.*

Hersteller:	Raytheon
Land:	USA
Durchmesser:	17,8 cm
Spannweite:	44,7 cm
Länge:	3,65 m
Gewicht:	157 kg
Höchstgeschwindigkeit:	Mach 4
Reichweite:	50 km

Die Advanced Medium-Range Air-to-Air Missile (AMRAAM) wurde Ende der 70er Jahre von Hughes für USAF und USN entwickelt, um die AIM-7 Sparrow abzulösen. Sie kann Ziele aus allen Richtungen auffassen und nach ihrem Abschuss kann das Flugzeug abdrehen. Der Allwetter-Flugkörper kann bei Tag oder Nacht auf Ziele auch außer Sichtweite eingesetzt werden, ist resistent gegen Störmaßnahmen und kann auch im Tiefflug angreifen. Die AIM-120 arbeitet mit aktiver Radarlenkung und verfügt über die neueste Digitaltechnologie sowie mikrominiaturisierte Elektronik, wodurch sie zuverlässiger und leichter zu warten ist. Beim Abschuss wird sie von ihrer Trägheitsnavigation gelenkt, danach erhält sie Zielkoordinaten von ihrem Flugzeug und in der Endphase des Angriffs benutzt sie ihren eigenen aktiven Radarsuchkopf. Nach dem Abschuss kann das Flugzeug abdrehen und ein weiteres Ziel angreifen. Die AIM-120 wurde erstmalig im Dezember 1984 abgefeuert; 1988 begann ihre Auslieferung. Die AIM-120B ist ein verbessertes Modell für den Export mit neuem Such- und Gefechtskopf. Die AIM-120C wird von einem verbesserten Alliant-Raketenmotor mit 13 Prozent Leistungssteigerung angetrieben; zudem hat sie gestutzte Flossen, sodass sie auch von der F-22 eingesetzt werden kann. Die AIM-120 wurde auch über dem Irak eingesetzt: Hier schossen drei

Bodenpersonal der USAF überprüft eine AIM-120 AMRAAM und eine AIM-9M Sidewinder an einer F-16 Fighting Falcon vom US-Jagdgeschwader 31 auf dem italienischen Fliegerhorst Aviano vor einem bewaffneten Sperrflug über dem ehemaligen Jugoslawien.

abgefeuerte AIM-120 zwei Flugzeuge ab. Im Kosovo wurden drei serbische MiG-29 mit AIM-120 vernichtet. Die AIM-120 ersetzt die Sky Flash der Tornado F.3 der RAF und wird auch vom Eurofighter verwendet werden. Sie wird von den Sea Harrier FA.2 der RN eingesetzt, von den F-15 und F-16 der USAF und den F-4F Phantom der deutschen Luftwaffe sowie von den F-22, F-14 und F/A-18 der USN. Sie wird von 20 Luftwaffen weltweit verwendet, von denen etliche der NATO angehören. Zudem wurde sie in verschiedene SAM-Programme aufgenommen.

Hersteller:	MBDA (Matra BAe Dynamics)
Land:	Großbritannien
Durchmesser:	16,6 cm
Länge:	2,90 m
Gewicht:	87 kg
Reichweite:	10 km

Die Advanced Short-Range Air-to-Air Missile (ASRAAM) war Anfang der 80er Jahre zunächst als gemeinsames Flugkörperprojekt von Deutschland, Frankreich, Großbritannien und den USA geplant. 1982 wurde eine Regierungsvereinbarung unterzeichnet, nach der Europa die ASRAAM in Koproduktion mit den USA als AIM-132 konstruieren sollte – bei AMRAAM war es umgekehrt. Nachdem etliche Schwierigkeiten auftraten, verlor das Konsortium allmählich seine Mitglieder: Frankreich baute seine MICA, Deutschland seine IRIS-T und die USA schufen ihre AIM-9X, womit Großbritannien das Projekt allein weiterführen musste.

1992 erhielt British Aerospace einen Vertrag über Entwicklung und Herstellung der ersten 1000 Flugkörper. 1996 wurde die Lenkwaffe erstmals von einer F-16 abgefeuert; der Vertrag verlangte 14 Abschüsse, um die Fähigkeiten der ASRAAM nachzuweisen. 1998 wählte die RAAF die ASRAAM für

Das originalgroße Modell einer ASRAAM an einem originalgroßen Modell einer SAAB Gripen.

Flugzeug in Sichtweite des Piloten angreifen; dabei benutzt sie Koordinaten vom Visier auf dem Helm des Piloten oder von den Flugzeugsystemen. Sie kann ihr Ziel auch selbständig mit dem IR-Suchkopf angreifen. Eine Variante der ASRAAM ist die Typhoon, die gegen gepanzerte Ziele eingesetzt werden kann. Die ASRAAM wird verwendet von Harrier GR.7, Tornado F.3 und Typhoon der RAF sowie der Sea Harrier FA.2 der RN. 1998 wurden erste Vorserien-Lenkflugkörper zu Ausbildungszwecken ausgeliefert. Die RAF wird vier Varianten erhalten. Der Einsatz-Lenkflugkörper wird in einem versiegelten Behälter aufbewahrt, bis er eingesetzt werden soll. Zudem gibt es einen Ausbildungsflugkörper, dessen Gefechtskopf Telemetrie enthält und eine Auswertung des Fluges nach dem Abschuss erlaubt. Ein weiterer Ausbildungsflugkörper trägt den Suchkopf und simuliert alle Schritte bis zum Abschuss. Die letzte Variante ist ein inaktiver Ausbildungs-Lenkflugkörper, mit dem das Bodenpersonal die korrekte Behandlung und das Laden üben kann.

ihre Hornet aus. Die USAF erprobte die ASRAAM neben der AIM-9X, entschied sich aber gegen sie. ASRAAM wird von einem Feststoffmotor angetrieben und kann im Luftkampf schnell abgeschossen werden; zudem ist sie sehr wendig. Sie kann jedes

TYP:	ASPIDE 1, 2000 (Mk.30)

Hersteller:	MBDA (Alenia Marconi)
Land:	Italien
Durchmesser:	20,3 cm
Spannweite:	68 cm
Länge:	3,70 m
Gewicht:	241 kg
Höchstgeschwindigkeit:	Hoher Überschallbereich
Reichweite:	20+ km

Anfang der 70er Jahre begann Selenia in Eigeninitiative mit der Entwicklung der Aspide, um die Sparrow der F-104 Starfighter der italienischen Luftwaffe abzulösen. Sie wurde als Mehrzweckwaffe konstruiert. Als SAM der Marine war sie Teil des Albatros-Systems; ein weiteres SAM-Modell war Teil

der Luftverteidigungssysteme Spada und Skyguard-Aspide. Während die SAM-Varianten Ende der 70er Jahre in Dienst gestellt wurden, verzögerte sich die Einführung der Aspide 1 bei der Luftwaffe bis 1988. Die Arbeit an der Aspide 2 wurde eingestellt, als die italienische Luftwaffe sich am europäischen Meteor-Programm beteiligte. Anfang der 90er Jahre wurde ein neues Modell entwickelt: die Aspide 2000 oder Mk.30. Äußerlich überschritt der Durchmesser die bisherigen 20,3 cm, um einen stärkeren Motor aufzunehmen, auch die Steuerflächen wurden überarbeitet. Auch im Inneren wurde etliches verbessert, so etwa der Suchkopf.

Eine Serien-Aspide Mk. 30 wird überprüft.

Hersteller:	Raytheon (General Dynamics)
Land:	USA
Durchmesser:	7 cm
Spannweite:	9 cm
Länge:	1,52 m
Gewicht:	15,7 kg
Höchstgeschwindigkeit:	Überschall
Reichweite:	7,2 km

Anfang der 70er Jahre begann General Dynamics mit der Entwicklung der Stinger als SAM, zunächst als FIM-92 Man-Portable Air Defence System (MAN-PADS), das die Redeye ersetzen sollte. Die Entwicklung als Luft-Luft-Variante begann Mitte der 80er Jahre, 1988 wurde sie eingeführt. Die Stinger ist ein Luftziel-Lenkflugkörper kurzer Reichweite, der einen Zweiband-Suchkopf (IR/UV) mit neuesten Algorithmen verwendet, um Störmaßnahmen des Ziels zu ignorieren. Die Stinger kann von einem Soldaten mit einem Schulterstartgerät, von einem Fahrzeug aus oder aber von einem Hubschrauber abgefeuert werden. Sie findet ihr Ziel selbstständig und wird gegen Hubschrauber, Starrflügler, Drohnen und Marschflugkörper eingesetzt. Von der Stinger wurden im Laufe der Zeit verschiedene Modelle gebaut. Die FIM-92A war eine reine Boden-Luft-Rakete. Die

Unten: *Eine FIM-92 Stinger hängt unter einer OH-58D Kiowa Warrior.*

Die Stinger zählt auch zu den Waffen der RAH-66 Comanche: Hier sieht man zwei im Waffenschacht zwischen zwei Hellfire-Lenkflugkörpern.

FIM-92B POST hatte einen verbesserten Sensor und Störschutzkomponenten. Die FIM-92C RMP (Reprogrammable Micro-Processor) verfügt über neueste Technologie, die ihre die hohe Trefferquote von über 90 Prozent sichert. Derzeit läuft das 3PI-Programm (Pre-Planned Product Improvement) mit verbesserter Hardware und Software. So kann ihre Software schnell aktualisiert werden, wenn eine neue Bedrohung auftritt, und sie ist in der Boden-Luft- wie in der Luft-Luft-Rolle einsetzbar. Im ersten Golfkrieg setzten alle Truppen der USA Stinger ein, um Bodeneinrichtungen zu schützen: von Truppenansammlungen bis hin zu Patriot-Stellungen. Ursprünglich sollte die Stinger auch von Starrflüglern wie der B-52 eingesetzt werden, aber dann wurde sie nur für Hubschrauber freigegeben: AH-1, AH-64, OH-58, Tiger und UH-60. Auch die RAH-66 Comanche wird Stinger tragen. Die Stinger sind weit verbreitet, über 60.000 Stück wurden bisher geliefert. Neben den USA zählen zu den Kunden Dänemark, Deutschland, Frankreich, Griechenland, Holland, Italien und die Türkei, von denen etliche aber auch in der Luft-Luft-Rolle eingesetzt werden.

Hersteller:	MBDA (Matra BAe Dynamics)
Land:	Frankreich
Durchmesser:	16 cm
Länge:	3,10 m
Gewicht:	112 kg
Reichweite:	60 km

Die Entwicklung der MICA (Missile d'Interception et de Combat et d'Autodéfence) durch Matra begann 1982 mit der Absicht, die Kurzstrecken-Magic und die Mittelstrecken-Super-530D durch einen einzigen Mehrzweck-Lenkflugkörper zu ersetzen.

LUFTZIELBEKÄMPFUNG

15

Oben: *Zur Schau gestellt – eine MICA ER (oben) und eine MICA IR (unten).*

Rechts: *Eine inaktive Variante der MICA, mit der die französischen Luftstreitkräfte üben – genannt MICA EMP.*

Durch austauschbare Suchköpfe kann die MICA auf aktive Radar-Zielsuchlenkung (MICA ER) oder passive IR-Zielsuchlenkung (MICA IR) zurückgreifen. Der IR-Sensor kann während des ganzen Fluges aktiv sein und versorgt dann den Piloten mit zusätzlichen Zieldaten. Nach dem Abschuss ist die MICA autonom, sodass der Pilot weitere Flugkörper auf andere Ziele abfeuern kann. Die MICA ER wurde zuerst entwickelt; der erste Flug mit der Radar-Zielsuchlenkung fand 1991 statt. Die MICA ist zwar eine gute Mehrzweckwaffe, aber ihr Gewicht ist – verglichen mit anderen Flugkörpern kurzer Reichweite – für den Kurvenkampf reichlich hoch. Eine Variante geringerer Größe für den Luftkampf wurde Großbritannien und Deutschland angeboten, aber beide Länder bevorzugten ihre eigenen ASRAAM- und IRIS-T-Systeme. Auch eine senkrecht startende MICA für die SHORAD-Rolle (SHOrt Range Air Defence = Luftverteidigung kurzer Reichweite) war in Planung. Die MICA ER ist bereits an Taiwan und Katar geliefert worden. Die ER- und IR-Varianten werden derzeit von der französischen Luftwaffe für ihre Mirage 2000-5 in Dienst gestellt; sie werden auch von den Vereinigten Arabischen Emiraten und Griechenland eingeführt werden, sobald sie ihre Mirage

Nahaufnahme der austauschbaren Zielsuchköpfe der MICA.

bekommen. Die MICA wird auch von den Rafale der Luftwaffe und der Marine Frankreichs verwendet werden.

TYP: MISTRAL ATAM

Hersteller:	MBDA (Matra BAe Dynamics)
Land:	Frankreich
Durchmesser:	9 cm
Länge:	1,86 m
Gewicht:	19,5 kg
Höchstgeschwindigkeit:	Mach 2,5

Die ATAM (Air-to-Air Mistral) wurde aus der Mistral entwickelt, einem IR-Flugkörper, der von Matra in den 70er Jahren als SAM für Schulterstartgeräte, Fahrzeuge oder Schiffe entwickelt worden war.

Es war Teil der Ausschreibung, dass die ATAM für jede Verwendung identisch sein müsse. 1988 führte das französische Heer sie ein. Die Entwicklung der Luft-Luft-Variante begann 1986 unter der Bezeichnung HATCP (Helicoptère Air Très Courte Portée). Obwohl eine Anzahl von ATAM im ersten Golfkrieg von 1991 den Gazelles des französischen Heeres überlassen wurde, war der Flugkörper erst 1994 voll einsatzbereit. Das ATAM-System besteht aus zwei Startgeräten an beiden Seiten des Hubschraubers, damit können vier ATAM mitgeführt werden. Der

Sucher kann Flugzeuge und Hubschrauber im Tiefflug auf 6 km Entfernung auffassen und anfliegen.

Das ATAM-System kann in die meisten Hubschraubertypen integriert werden und verleiht ihnen damit die Fähigkeit zur Selbstverteidigung. Zudem können sie für andere Hubschrauber Eskorte fliegen oder Bodentruppen schützen. Die Variante Mistral 2 ist als SAM entwickelt worden. An 25 Länder wurden inzwischen über 16.000 Mistral verkauft und 36 Luftwaffen, Heere und Marinen setzen sie ein einschließlich Belgien, Norwegen und Spanien. Die ATAM bewaffnet auch die Gazelle des französischen Heeres. Im Juli 1999 wurde sie für die Eurocopter Tiger freigegeben, die eine Anzahl von NATO-Ländern bestellt haben.

Eine ATAM an einer Gazelle des französischen Heeres.

TYP: R-3, R-13, R-131 (AA-2 „ATOLL")

Hersteller:	Vympel (Turopow)
Land:	Russland
Durchmesser:	12,7 cm
Spannweite:	53 cm
Länge:	2,83 m
Gewicht:	90 kg

Die AA-2 „Atoll" wurde erstmalig 1961 gesehen, als sie bei einer Flugschau an einer sowjetischen Maschine angebracht war. Sie war einige Jahre lang entwickelt worden und schien sich auf die amerikanische AIM-9B Sidewinder abzustützen. Wie die AIM-9B hatte die AA-2 einen IR-Suchkopf, aber gegen Ende der Dekade tauchte eine längere (3,5 m)

Variante mit halbaktivem Radarkopf auf: die Advanced Atoll – NATO-Bezeichnung AA-2C. Der IR-Suchkopf wurde weiter verbessert und die Produktion lief in hohen Stückzahlen bis Mitte der 80er Jahre. Die AA-2 wurde bis in die 90er von der Masse der sowjetischen Kampfflugzeuge mitgeführt: von MiG-19, MiG-21, MiG-23, MiG-27, Su-17/20 und Su-21 in allen Ländern des ehemaligen Warschauer Pakts einschließlich Polens, Tschechiens und Ungarns.

Unten: *Eine AA-2A/R-3 an einer MiG-21 Fishbed.*

Ganz unten: *Eine AA-2C/R-13 (links) und zwei AA-8/R-60 an einer MiG-21 Fishbed.*

TYP: R-23 (AA-7 „APEX")

Hersteller:	Vympel
Land:	Russland
Durchmesser:	20 cm
Spannweite:	1,04 m
Länge:	4,16 m
Gewicht:	235 kg
Reichweite:	50 km

Die R-23 wurde Ende der 60er Jahre als Luft-Luft-Lenkflugkörper mittlerer Reichweite entwickelt; sie erhielt die NATO-Bezeichnung AA-7 „Apex". Sie wurde mit IR- oder halbaktivem Radarlenkkopf gebaut; später verbesserte Varianten hießen R-24. Die R-23 wurde von MiG-23, MiG-25 und MiG-29 mitgeführt; angeblich setzte der Irak sie bei seinem Krieg mit dem Iran ein. Die meisten Luftwaffen mit diesen Maschinen besitzen R-23, auch die polnischen und die tschechischen Streitkräfte.

Eine R-23 mit halbaktivem Radarlenkkopf an einer MiG-23.

TYP: R-27 (AA-10 „ALAMO")

Hersteller:	Vympel
Land:	Russland
Durchmesser:	23 cm
Spannweite:	80 cm
Länge:	4,50 m
Gewicht:	343 kg
Reichweite:	120 km

Eine R-27ER mit halbaktivem Radarlenkkopf an einer MiG-21.

Die R-27 heißt in der NATO AA-10 „Alamo". Sie wurde Mitte der 70er Jahre entwickelt und führte zu einer Flugkörperfamilie, deren erste Exemplare vermutlich Mitte der 80er Jahre eingeführt wurden. Von der R-27 gibt es zwei Varianten: mit IR- oder Radarlenkung. Die IR-Version erkennt man an einer Linse auf der stumpfen Nase, während die Radar-Version eine spitze Nase hat. Beide Varianten sind für mittlere, große und erhöhte Reichweiten ausgelegt. Die Radar-Variante hat aktive oder halbaktive Lenkung; die Nasen sehen sich aber ähnlich. Die Reichweite kann man an der Länge des Flugkörpers erkennen. Die R-27 besteht aus drei Komponenten: Nase, Mittelrumpf und Heck. Sie ist leicht an den großen Steuerflächen am Mittelrumpf zu erkennen, der auch Autopilot und Batterie enthält. Die Lenkungsart ist an den beiden Nasenformen zu unterscheiden, während das Heck, das den Motor enthält, kurz oder lang ist, abhängig von der mitgeführten Brennstoffmenge. Vermutlich sind folgende Modelle entwickelt worden: R-27T, mittlere Reichweite, IR; R-27ET, erhöhte Reichweite, IR; R-27ET1, erhöhte Reichweite, Weitwinkel-IR; R-27R, mittle-

Eine R-27T mit IR-Suchkopf an einer Su-35.

Die verbesserte R-27R1.

gesehen, kann vermutlich aber auch von MiG-21, MiG-23, MiG-25, Su-30MK und Su-35 eingesetzt werden. Wahrscheinlich haben viele Besitzer dieser Maschinen Varianten der R-27 in ihrem Inventar, so auch die polnischen, tschechischen und ungarischen Luftwaffen.

re Reichweite, halbaktives Radar; R-27ER, erhöhte Reichweite, halbaktives Radar; R-27ER1, nochmals erhöhte Reichweite, halbaktives Radar; R-27EM, große Reichweite, halbaktives Radar, modifiziert für Tiefflug-Abfangjagd; R-27AE, erhöhte Reichweite, aktives Radar; R-27P, pasiver Radarsuchkopf sowie R-27EP, erhöhte Reichweite, passiver Radarsuch-kopf. Die R-27 wurde zuerst an MiG-29 und Su-27

Die verbesserte R-27ET1.

Hersteller:	Spetztechnika
Land:	Russland
Durchmesser:	35,5 cm
Spannweite:	1,80 m
Länge:	6,20 m
Gewicht:	472 kg
Reichweite:	50 km

Die Entwicklung des Luft-Luft-Flugkörpers R-40 begann Ende der 60er Jahre; er erhielt die NATO-Bezeichnung AA-6 „Acrid". Von ihm gibt es zwei Modelle: die R-40T mit IR-Suchkopf und die R-40R mit halbaktiver Radarlenkung. Vermutlich hat sich die R-40R nicht bewährt, denn sie wurde nur sel-

ten gesehen, während die R-40T häufig und an verschiedenen Flugzeugen beobachtet wurde. Die R-40T wurde auch etlichen Verbesserungspro-grammen unterzogen, aus denen die R-40D und die R-40D1 hervorgingen. Die letzte Verbesserung führte zur R-46, die Anfang der 80er Jahre für die MiG-31 eingeführt wurde. Die R-40 wird von etlichen Flugzeugtypen eingesetzt, so etwa von Su-22m, MiG-25 und MiG-31, und bleibt bei Be-treibern dieser Typen auch weiterhin im Dienst, so auch bei den Luftwaffen Polens und Ungarns.

Die IR-Variante der R-40/R-46.

Hersteller:	Spetztechnika
Land:	Russland
Durchmesser:	13 cm
Spannweite:	43 cm
Länge:	2,08 m
Gewicht:	63 kg
Reichweite:	3 km

Der Luft-Luft-Lenkflugkörper kurzer Reichweite R-60 wurde Ende der 60er Jahre entwickelt; er erhielt die NATO-Bezeichnung AA-8 „Aphid". Er wurde erstmals 1976 gesehen und existiert vermutlich nur mit IR-Suchkopf. Er wurde an vielen Maschinen beobachtet, so an MiG-21, MiG-23, MiG-25, MiG-29, MiG-31 sowie Su-22, Su-24 und Su-27. Berichte erwähnen auch die Mi-24 und die Puma der rumänischen Streitkräfte. In den frühen 80er Jahren führte die Weiterentwicklung zum verbesserten Modell R-60M, gefolgt von der R-60MK. Die R-60 wird auch

Die Attrappe der R-60 an einer georgischen Su-25.

weiterhin von Nutzern russischer Flugzeuge eingesetzt, so auch von den Streitkräften Polens, Tschechiens und Ungarns.

Hersteller:	Vympel
Land:	Russland
Durchmesser:	17 cm
Spannweite:	51 cm
Länge:	2,90 m
Gewicht:	105 kg
Reichweite:	30 km

Eine R-73.

Der Luft-Luft-Lenkflugkörper R-73 wurde in den 70er und 80er Jahren entwickelt und Ende der 80er eingeführt; seine NATO-Bezeichnung ist AA-11 „Archer". Er verfügt über einen Weitwinkel-IR-Suchkopf und nimmt Zielzuweisungen von allen Flugzeugsystemen an einschließlich IR-Zielverfolgung und Helmvisiere. Schaufeln in der Düse verleihen ihm Schubvektorsteuerung zusammen mit herkömmlichen Steuerflächen. Er kann Ziele bis 45°

Ablage erfassen; eine verbesserte Variante bringt es sogar auf 60°. Die R-73 kann mit einem aktiven Radar- oder Laserzünder versehen werden, wodurch sie – zusätzlich zu einem Aufschlagzünder – auch in der Nähe des Ziels explodieren kann. Sie kann

Zwei R-73 an einer Su-35.

von den meisten russischen Kampfflugzeugen des ehemaligen Warschauer Pakts einschließlich Polens, Tschechiens und Ungarns eingesetzt werden.

TYP: R.530

Hersteller:	Aérospatiale Matra
Land:	Frankreich
Durchmesser:	26,3 cm
Spannweite:	1,10 m
Länge:	3,20 m
Gewicht:	193,5 kg
Reichweite:	18 km

Der Luft-Luft-Lenkflugkörper R.530 wurde Mitte der 50er Jahre von Matra entwickelt und mit zwei austauschbaren Suchköpfen hergestellt. Das IR-Modell erkennt man an der Linse im Bug. Das andere arbei-

Die R.530 mit IR-Suchkopf an einer Mirage F.1 der französischen Luftwaffe.

Die Version der R.530 mit halbaktivem Radar.

tete mit halbaktivem Radar, war etwas länger (3,28 m) und hatte einen lichtundurchlässigen Bug. Über

4000 R.530 wurden für 14 Nationen hergestellt, später aber durch die Super 530 ersetzt; einige könnten aber noch im Einsatz sein. Die R.530 wurde von Mirage III, F.1 und F-8E (FN) eingesetzt.

TYP:	R.550 MAGIC 1 UND 2

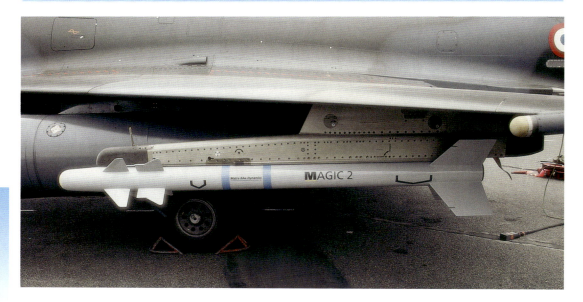

Hersteller:	MBDA (Matra)
Land:	Frankreich
Durchmesser:	15,7 cm
Spannweite:	66 cm
Länge:	2,75 m
Gewicht:	89 kg
Höchstgeschwindigkeit:	Mach 2+
Reichweite:	20 km

Eine R.550 Magic 2 an einer Mirage 2000N der französischen Luftwaffe.

Den Luft-Luft-Lenkflugkörper Magic entwickelte Matra Mitte der 60er Jahre als Konkurrenz zur AIM-9 Sidewinder. Der erste gelenkte Abschuss fand 1972 statt; die Auslieferung an die französische Luftwaffe begann zwei Jahre später.

Wie die frühen Sidewinder konnte auch die R.550 Magic 1 wegen der Erfassungsgrenzen ihres IR-Suchkopfs nur von hinten angreifen. Sie wurde von einem Feststoffmotor angetrieben und war so ausgelegt, dass sie mit einer Sidewinder ausgetauscht werden konnte. Die Magic 1 war recht erfolgreich: Mehr als 6000 Stück wurden bestellt und an 27 Länder ausgeliefert, so an Frankreich, Griechenland, Portugal und Spanien. Die Weiterentwicklung der Magic 1 führte Ende der 70er Jahre zu einem stark verbesserten Suchkopf – 1985 wurde sie als Magic 2 bei der französischen Luftwaffe in Dienst gestellt. Sie ist eine Weitwinkelrakete von ähnlicher Größe wie die Magic 1, aber von höhe-rer Geschwindigkeit und Reichweite und mit einem Führungssystem, das auf Gegenmaßnahmen nicht reagiert. Ein aktiver Dopplerradarzünder hat den Annäherungszünder ersetzt. 1995 wurde die Magic 2 Mk.2 mit weiteren Verbesserungen am Suchkopf und mit größerer Wendigkeit eingeführt. Ihre Reichweite wurde von 15 km auf mehr als 20 km gesteigert. Die Magic 2 wird in der Luftwaffe und in der Marine Frankreichs von Mirage 2000, F.1, Jaguar und Super Étendard eingesetzt; ihre Exporte erstrecken sich auf eine Anzahl von Ländern einschließlich Belgiens. Insgesamt wurden von Magic 1 und 2 mehr als 11.000 Stück hergestellt; sie werden weltweit von 19 Ländern eingesetzt.

TYP: SKY FLASH

Hersteller:	MBDA (BAe)
Land:	Großbritannien
Durchmesser:	20,3 cm
Spannweite:	1,02 m
Länge:	3,66 m
Gewicht:	195 kg
Höchstgeschwindigkeit:	Mach 2+
Reichweite:	40+ km

Die Sky Flash, ein Luft-Luft-Lenkflugkörper mittlerer Reichweite, wurde in Großbritannien aus der AIM-7E Sparrow weiterentwickelt und auf die Phantom der RAF zugeschnitten, die normalerweise vier davon mitführen. Die Sky Flash verfügt über ein halbaktives Such- und Lenksystem, das reflektierte Wellen vom Radarsystem des Flugzeugs erfasst. Nach Einführung der Tornado F.3 in die RAF und Außerdienststellung der Phantom wurde die Sky Flash einer Modifikation unterzogen, die sie verbesserte und an die Tornado F.3 anpasste – es war das Tornado Essential Modification Programme (TEMP). Anschließende Weiterentwicklungen führten zur Super-TEMP Sky Flash. Bei den Tornado F.3 werden die Sky Flash an Frazer-Nash-Startgeräten mitgeführt, die sich in Vertiefungen unter dem Rumpf befinden. Dieses Startgerät stößt den Lenkflugkörper beim Abschuss vom Flugzeug weg. Insgesamt können die Tornado F.3 vier Sky-Flash mitführen. Eingesetzt werden die Sky Flash von Phantom, Tornado, F-16 und Viggen. Die RAF verwendet sie und die Exporte gingen nach Schweden und in einige Länder des Mittleren Ostens.

Eine Sky Flash der RAF mit blauen Ringen, die anzeigen, dass sie ein inaktives Ausbildungsmodell ist.

Hersteller:	Lockheed Martin/Short
Land:	Großbritannien/USA
Durchmesser:	13 cm
Spannweite:	25 cm
Länge:	1,40 m
Gewicht:	16 kg
Reichweite:	5+ km

Die Durchführbarkeitsstudien für die Short Starstreak begannen 1980 und führten 1986 zu einem Entwicklungsvertrag mit dem Verteidigungsministerium und dann zum Produktionsbeginn.

Die Starstreak ist eine Hyper Velocity Missile (HVM), die zunächst als Boden-Luft-Lenkflugkörper ausgelegt war. Ihr Rumpf enthält einen Zweistufenmotor und ein Lenksystem, das Datenverbindung zum Startgerät hat. Da ihr Suchkopf nicht gekühlt werden muss, kann sie sofort nach Erfassen des Ziels abgefeuert werden. Der erste Motor beschleunigt sie binnen 0,9 Sekunden auf Mach 3 und wird nach etwa 400 m abgeworfen, wenn die zweite Stufe zündet. Am Bug trägt die Starstreak drei Pfeile, die ausgestoßen werden, wenn der Motor ausgebrannt ist. Der Leitstrahl lenkt sie ins Ziel und eine hoch brisante Sprengstoffladung verstärkt ihre Wirkung, wenn sie ins Zielt treffen. 1988 schloss sich Short mit McDonnell Douglas zusammen, um eine Luft-Luft-Variante für die AH-64 Apache des US-Heeres zu entwickeln: Helstreak – später in Air-To-Air Starstreak (ATASK) umbenannt. 1989 stieß auch Lockheed Martin zu der Gruppe und bewirbt sich jetzt in Konkurrenz zur FIM-92 Stinger um einen Vertrag mit dem US-Heer. Mittlerweile steht die Starstreak als Boden-Luft-Lenkflugkörper im Dienst des britischen Heeres, montiert am Alvis Stormer oder am Mann mit Schulterstartgerät. Das US-Heer versuchte, die Starstreak an Avenger-Fahrzeugen anzubringen, gab dieses Vorhaben aber 1994 auf. Ihr geplanter Einsatz auf Schiffen hat zur Entwicklung der Seastreak-Variante geführt. Die Starstreak befindet sich in Serienproduktion und wird von den AH-64 Longbow Apache des britischen Heeres eingesetzt.

Die Starstreak mit ihren charakteristischen drei Pfeilen.

Hersteller:	MBDA (Aérospatiale Matra)
Land:	Frankreich
Durchmesser:	26,3 cm
Spannweite:	64 cm
Länge:	3,54 m
Gewicht:	250 kg
Höchstgeschwindigkeit:	Mach 4,6
Reichweite:	35 km

Die Herkunft des Luft-Luft-Lenkflugkörpers mittlerer Reichweite Super 530 führt zur Matra R.530, die Anfang der 60er Jahre in Dienst gestellt wurde, aber die Super 530 bietet stark verbesserte Technologie und weitaus bessere Leistungsdaten. Die Super 530F arbeitet mit halbaktivem Radarkopf (eine IR-Version wurde nicht gebaut), der das Cyrano-IV-Radar der Mirage F1 als Beleuchtungsradar

benutzt. Der erste voll funktionsfähige Einsatz einer Super 530F erfolgte 1974; 1979 wurde sie von der französischen Luftwaffe in Dienst gestellt und zur Standardbewaffnung der Mirage F1C. Die Super 530F erwies sich als leistungsstarke Waffe, die auf 9000 m Höhe steigen und Mach 4,6 erreichen konnte. 1984 begann die Produktion der Super

Die Super 530 an einer französischen Mirage 2000.

530D. Sie hat ein halbaktives Dopplerradar, welches das Dopplerradar der Mirage 2000 benutzt, um tieffliegende Ziele zu verfolgen und anzugreifen. Die Super-530-Flugkörper werden von der Mirage F.1 2000 und von der Rafale eingesetzt.

Hersteller:	Vympel/Kokintex
Land:	Russland/Polen/Rumänien
Durchmesser:	5,7 cm
Länge:	1 m
Gewicht:	4 kg

Die ungelenkte 57-mm-Rakete S-5 wurde vermutlich etwa Ende der 40er Jahre parallel zur amerikanischen 70-mm-Rakete entwickelt. Über die Jahre entstand eine Reihe von zweckgebundenen Gefechtsköpfen gegen die verschiedensten Ziele; auch die Motorleistungen wurden verbessert. Wahrscheinlich wurde die S-5 in größerer Stückzahl gefertigt als jede andere Rakete. Darüber hinaus wurde noch eine Variante der russischen S-5-Rakete für die bulgarischen

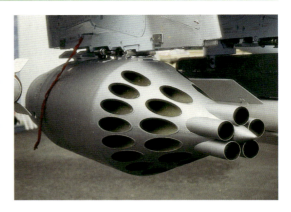

Die Startgondel UB-32-57 für 32 Raketen.

und rumänischen Streitkräfte entwickelt und vor Ort gebaut. Die S-5-Raketen werden normalerweise in UB-8-57-, UB-16-57-, UB-19-57- und UB-32-57-Startgondeln mitgeführt, wobei die mittlere Zahl die Anzahl der Raketen angibt. Sie können von einer Vielzahl russischer und osteuropäischer Flugzeuge und Hubschrauber eingesetzt werden, so etwa von IAR-93 Orao, IAR-99 Soim, IAR-330L Puma, L-39ZA Albatros, Mi-2, Ka-50, Ka-52, Mi-8/17, Mi-24/35, MiG-AT, MiG-21, MiG-23, Su-22 und Su-25. Die S-5 werden noch immer von den Streitkräften des ehemaligen Warschauer Pakts eingesetzt – nunmehr innerhalb der NATO von Flugzeugen der polnischen, tschechischen und ungarischen Streitkräfte.

Die Startgondel UB-16-57 mit 16 S-5-Raketen.

Hersteller:	TDA/FZ
Land:	Frankreich
Durchmesser:	6,8 cm
Spannweite:	24 cm

Das 68-mm-Raketensystem Multi-Dart wurde Ende der 70er Jahre von Thomson Brandt als Ergänzung für ihre älteren und erfolgreichen 68-mm-Raketen entwickelt. Gleichzeitig arbeitete man an einer ähnlichen Reihe von 100-mm-Raketen. Das Multi-Dart-System umfasst Raketen von ähnlichen Abmessungen wie die Standard-68-mm-Raketen, hat aber stärkere Raketenmotoren, die Reichweite und Aufprallgeschwindigkeit erhöhen. Hergestellt werden zwei Varianten: AMV und ABL. Das AMV-System enthält 36 Pfeile kinetischer Energie, die sich zu einer vorbestimmten Zeit von der Rakete trennen und im Zielgebiet verteilen; AMV wird gegen Waffen und Gerät eingesetzt. Das ABL-System besteht

aus Pfeilen kinetischer Energie, die gegen leicht gepanzerte Fahrzeuge eingesetzt werden. Dafür gibt es drei Startgondeln: LR 68 8, LR 68 12 und LR 68 22, wobei die letzte Zahl die Anzahl der verfügbaren Raketen angibt.

68-mm-Multi-Dart-Raketen mit der Startgondel LR 68 12.

Hersteller:	TDA (Thomson Brandt)
Land:	Frankreich
Durchmesser:	6,8 cm
Länge:	62 cm
Gewicht (leer):	6,2 kg

Die 68-mm-Rakete wurde von Thomson Brandt Anfang der 50er Jahre entwickelt, um die französischen Streitkräfte mit einer eigenen Rakete – ähnlich der US-2,75-in-Rakete – auszurüsten. Mitte der 50er Jahre begann die Fertigung für Hubschrauber und Jagdbomber des französischen Heeres und der Luftwaffe. Für vielerlei Zwecke wurden unterschiedliche Gefechtsköpfe entwickelt, dazu noch verschiedene Startgondeln. Mitte der 60er Jahre erschien die schwerere 100-mm-Rakete. Die 68-mm-Raketen wurden auch SNEB genannt und waren weit verbreitet; ihre Produktion ging in die Millionen. Sie werden von Starrflüglern normalerweise in Salven abgefeuert aus der F.1-Gondel mit 36 Schuss, aus der F.2-Gondel mit sechs Schuss oder von Hubschraubern aus der F.4-Gondel mit 18 Schuss. Diese Gondeln wurden von Matra hergestellt. Thomson Brandt baute für Hubschrauber die 68-12-Gondel mit zwölf und die 68-22-Gondel mit 22 Schuss.

Unten: *Diese 68-mm-Raketen fassen die zwei F.4-Startgondeln unter den Stummelflügeln eines Hubschraubers.*

Oben: *Der Gondeltyp 155 ähnelt der F.4-Gondel, ist aber für Überschallflüge ausgelegt.*

Unten: *Ein Waffenwart der RAF lädt eine Startgondel des Typs 155 mit 68-mm-SNEB-Raketen.*

Dart genannt. Diese neue Rakete richtet sich speziell gegen Panzerung und enthält eine Anzahl von tödlichen Projektilen, die mit kinetischer Energie 10 mm Panzerung durchdringen können. Je nach Raketenmodell werden acht oder 36 Projektile eingesetzt. Da die Multi-Dart-Raketen länger waren als die SNEBs, konstruierte TDA – so hieß das Unternehmen jetzt – neue Startgondeln: LR 68 8, LR 68 12 und LR 68 22, wobei die zweite Zahl die Anzahl der Raketen angibt. Auch Matra fertigte mit Typ 155 eine neue Startgondel für 18 Raketen, die sich sogar für Überschallflüge eignet. Die Gondeln für SNEB und Multi-Dart haben Standard-NATO-Schlösser und können mithin von einer Vielzahl von Flugzeugen und Hubschraubern eingesetzt werden; sie sind noch immer in vielen NATO-Staaten und anderen Streitkräften weltweit im Dienst.

Diese aerodynamische Abdeckung zerreißen die Raketen beim Abschuss.

Ende der 70er Jahre begann Thomson Brandt mit der Entwicklung einer neuen 68-mm-Rakete, Multi-

Typ: 70-MM-RAKETENSYSTEM CRV7

Hersteller:	Magellan/Bristol
Land:	Kanada
Durchmesser:	25 cm
Länge:	1,62 m
Gewicht:	98 kg

Die Entwicklung dieses kanadischen Raketenmotors begann 1970 in der Absicht, einen Motor mit gesteigerter Leistung und Zuverlässigkeit zu schaffen. Das Ergebnis, die CRV7 (Canadian Rocket Vehicle), wird derzeit mit einer Vielzahl von Motoren und Gefechtsköpfen produziert, die jeweils für bestimmte Rollen zusammengestellt werden können. Verglichen mit den meisten anderen Systemen haben die Raketen eine höhere kinetische Energie, die eine flachere Flugbahn ergibt, wodurch sie weiter und mit größerer Genauigkeit fliegen können.

Die CRV7 kann von einer Anzahl Startgondeln mitgeführt werden, so von M260, M261, LAU 5002 (sechs Raketen) und LAU 5005 (3,99 cm mal 1,49 m; 19 Raketen). Die übliche Bewaffnung besteht aus 19 Vielzweckraketen, die gegen leicht gepan-

CRV7-Raketen ragen vorn aus der LAU-5002-Startgondel heraus.

LAU-5002-Startgondel für sechs Raketen CRV7.

zerte und ungepanzerte Ziele sowie gegen Bodentruppen eingesetzt werden. Sie können von vielen Flugzeugen und Hubschraubern abgefeuert werden. Die angegebenen Daten beziehen sich auf die dargestellte LAU 5002; das genaue Gewicht hängt von den verwendeten Gefechtsköpfen ab. Die CRV7 ist heute aufgrund größerer Reichweite, höherer kinetischer Energie und besserer Treffsicherheit für Starrflügler wie Drehflügler eines der führenden 70-mm-(2.75-in)-Raketenwaffensysteme. Fast 700.000 dieser Raketen wurden bislang gefertigt. Sie werden von der NATO, ASEAN, Australasia und Kanada eingesetzt. Während des ersten Golfkrieges wurden sie von RAF-Jaguar abgeschossen; auch die Harrier GR.7 kann sie tragen. Wenn die Typhoon in Dienst gestellt wird, wird auch sie sie verwenden. Sie eignen sich besonders für Hubschrauber – die neueste Entwicklung, die Variante C17, wurde für das britische Apache-Programm ausgewählt.

BODENZIELBEKÄMPFUNG

Hersteller:	TDA (FZ)
Land:	Belgien
Durchmesser:	7 cm (2.75 in)
Länge:	Unterschiedlich
Gewicht:	Unterschiedlich

Forges in Zeebrugge (jetzt TDA) stellt die amerikanische 2.75-in-(70-mm)-FFAR (Fin Folding Aircraft Rocket) in Lizenz her, dazu eigene Startgondeln für seine verbesserten Raketenvarianten. Die M157/A ist eine siebenschüssige Startgondel für Hubschrauber und umfasst drei Varianten, abhängig vom verwendeten Abzug. Die M159/A ist eine Hubschraubergondel für 19 Raketen, ebenfalls mit drei vom Abzug abhängigen Varianten, hat aber eine abnehmbare rückwärtige Verkleidung. Die LAU 183 ist eine weitere Hubschraubergondel, aber für zwölf Raketen. Die LAU 32 ist eine Jagdbombergondel für sieben Raketen mit strömungsgünstigem Bug und abnehmbarer Verkleidung hinten; auch hier gibt es drei Abzugsvarianten. Die LAU 51 ist ebenfalls eine Flugzeuggondel, auch in drei Varianten, für 19 Raketen.

Eine LAU-32-Startgondel mit sieben Raketen.

Oben: *Neunzehn 70-mm-FZ-Raketen und ihre LAU-51-Startgondel.*

Unten: *Zwei M159-Startgondeln mit 19 Schuss, ausgelegt für Hubschrauber.*

Hersteller:	BEI Defence/Alliant/General Dynamics
Land:	USA
Durchmesser:	7 cm (2.75 in)
Spannweite:	18,6 cm
Länge:	Unterschiedlich
Gewicht:	Unterschiedlich

Die Hydra 70 ist die Weiterentwicklung der 70-mm-Rakete, wie sie von den US-Streitkräften und vielen anderen weltweit eingesetzt wird. Sie ist auf die frühen Luft-Luft-Raketen des Typs Mickey Mouse der späten 40er Jahre zurückzuführen. Zu den Entwicklungen zählen die Mk.4- und die Mk.40-Raketen für Starrflügler beziehungsweise Hubschrauber. Sie wurden häufig im Vietnamkrieg eingesetzt und auch FFAR genannt. Von ihnen sind noch viele im Einsatz.

Die USN forcierte die Weiterentwicklung zur Mk.66

BODENZIELBEKÄMPFUNG

29

mit WAFAR (Ringleitwerk), die eine verbesserte Reichweite und Treffgenauigkeit aufwies. Dafür wurde eine Vielzahl von Komponenten entwickelt, um die Rakete in den verschiedensten Rollen einsetzen zu können. Dazu gehören verschiedene Motoren, Gefechtsköpfe und Zünder, mit denen man sie für einen bestimmten Einsatz bestücken kann. Für das Hydrasystem wurden vier Startgondeln konstruiert. Zu ihnen zählen die wieder verwendbare LAU 68 D/A für sieben Raketen und die ebenfalls wieder verwendbare LAU 61 C/A für 19 Raketen. 1987 begann Canadian Bristol Aerospace mit der Entwicklung von zwei neuen Motoren für das CRV7-Raketensystem. Da ihr Durchmesser ebenfalls 70 mm betrug, passte man sie dem Hydrasystem voll an. Ende der 70er Jahre forderte das US-Heer für die Hydra eine neue Startgondel, was zur M260 und zur M261 führte. Details der beiden Startgondeln sind unten angeführt. Über die Jahre wurde das Raketensystem Hydra für eine Vielzahl von Flugzeugen und

70-mm-Hydra-70-Raketen ragen aus einer M260-Startgondel heraus, die unter dem Stummelflügel einer AH-1W Super Cobra hängt. Im Vordergrund ein Vierfach-TOW-Startgerät.

Hubschraubern freigegeben, so für A-4, A-6, A-7, AV-8B, A-10, AH-1F, AH-1T, AH-1W, AH-64A, F-4, F-5, F-16, F/A-18 Hornet, F-104, Jaguar, OH-58 Scout, OV-10 Bronco, P-3 Orion und UH-1H Iroquois.

TYP: RAKETENGONDEL M260

Hersteller:	Harvard Interiors
Land:	USA
Durchmesser:	25,4 cm
Länge:	1,68 m
Gewicht (leer):	15,5 kg

Die M260 ist eine leichte Startgondel für die ungelenkte 70-mm-Rakete Hydra 70. Sie wurde auf Forderung des US-Heeres für seine Angriffshubschrauber AH-1 Huey Cobra und AH-64 Apache entwickelt und verfügt über ein System, mit dem die Besatzung den Zünder vom Cockpit aus einstellen kann. Die M260 trägt sieben Raketen, während die gleichzeitig entwickelte M261 19 Raketen enthält. Beide Gondeln sind leichter als ihre Vorgänger und einfach im Aufbau. Ihre Lebensdauer beträgt 16 Salvenabschüsse – nicht jedoch die der Raketen: Sie haben keine austauschbaren Teile, sollten sie beschädigt

Die M260-Startgondel für sieben Raketen.

werden. Die Produktion begann 1979; insgesamt wurden mehr als 7000 M260- und M261-Gondeln für das US-Heer gefertigt.

TYP: RAKETENGONDEL M261

Hersteller:	Harvard Interiors
Land:	USA
Durchmesser:	40,6 cm
Länge:	1,68 m
Gewicht (leer):	39,7 kg

Die Startgondel M261 hängt an einer WAH-64D Longbow Apache. Links davon ein Vierfach-Startgerät für Hellfire – hier mit Übungsraketen für den Waffendrill des Bodenpersonals.

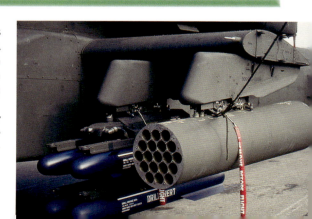

Die M261 wurde gleichzeitig mit der Raketen-gondel M260 entwickelt und ist ihr im Aufbau ähnlich, hat aber einen größeren Durchmesser, um 19 70-mm-Raketen aufnehmen zu können. Im US-Heer wird sie mit Hydra-70-Raketen an den Angriffshubschraubern AH-1 Huey Cobra und AH-64 Apache eingesetzt. 1996 wurde die M261 vom britischen Heer für seine WAH-64 Longbow Apache ausgewählt; auch sie werden mit CRV7-Raketen bewaffnet.

TYP: 80-MM-RAKETE S-8

Hersteller:	Vympel
Land:	Russland
Durchmesser:	8 cm
Länge:	1,50 bis 1,70 m
Gewicht:	Bis zu 15,2 kg

Die von Vympel entwickelte 80-mm-Rakete S-8 entstand vermutlich Ende der 70er Jahre und hat vier Gefechtsköpfe: Hochbrisanz, Panzerabwehr, Kraftstoff/Aerosol und Ausleuchtung – Düppel und weitere panzerbrechende Varianten folgten später. Sie wird in zwei Startgondeln für je 20 Raketen mitgeführt: der vorn offenen B-8V20A für Hub-schrauber und der B-8M1 mit konischem Bug für Jagdbomber. Die S-8 wird von den russischen wie von den meisten Luftwaffen des ehemaligen War-schauer Pakts eingesetzt, auch von der polnischen, tschechischen und ungarischen.

80-mm-Raketen des Typs S-8M.

Oben: *Die Hubschraubervariante B-8V20A, hier an einer Mi-35, kann 20 S-8-Raketen aufnehmen; eine davon ragt hervor.*

Unten: *Die B-8M1 ist für den Einsatz durch Jagdbomber strömungsgünstig geformt.*

TYP: 81-MM-RAKETENGONDEL MEDUSA

Hersteller:	SNIA BPD
Land:	Italien
Durchmesser:	39,6 cm
Länge:	2,30 m

Die 81-mm-Raketengondel Medusa von SNIA um-fasst eine Familie von 51-, 81- und 122-mm-Rake-ten für Dreh- wie Starrflügler. In den 80er Jahren wurden diese ungelenkten Raketen in ein Modul-system integriert, das die Gondel mit dem Waffen-system des Flugzeugs verband, sodass Laser-Ent-fernungsmessung und Frontscheibenanzeige für bessere Treffgenauigkeit genutzt werden konnten. Gleichzeitig wurde die Vielfalt der Raketen erhöht, so um eine panzerbrechende Ausführung.

Die Medusa-Raketengondel wird in drei Größen ge-baut: für sechs, sieben und für zwölf Raketen. Die siebenschüssige Gondel ist Hubschraubern vorbe-

halten, während die beiden anderen aus zwei Typen bestehen – HAL für Hubschrauber und Unterschallflugzeuge und SAL für Überschallflugzeuge. Die angegebenen Daten gelten für die 81-HAL-12-Gondel. Das Gewicht hängt von den verwendeten Raketen ab. Die 81-mm-Raketengondel ist – zusammen mit der 51-mm- und der 122-mm-Rakete – bei den italienischen Streitkräften im Einsatz.

Links: *Die 81-mm-Raketengondel Medusa von SNIA BPD an einer Sikorsky S-70 Black Hawk.*

TYP: 100-MM-RAKETE MULTI-DART 100

Hersteller:	TDA (Thomson Brandt)
Land:	Frankreich
Durchmesser:	10 cm
Länge:	2,75 m

Thomson Brandt entwickelte die 100-mm-Multi-Dart 100 zur selben Zeit wie die Multi-Dart 68. Diese Raketen bestehen aus einer Anzahl von Hochgeschwindigkeits-Pfeilen, die Panzerung durchschlagen können. Während die Original-100-mm-Raketen sowohl von Flugzeugen wie von Hubschraubern eingesetzt werden können, erfordert die Multi-Dart 100 hohe kinetische Energie, um Panzerung zu durchschlagen: Daher sind sie beim Einsatz vom Hubschrauber aus weniger wirksam und werden gewöhnlich nur von Flugzeugen abgefeuert. Von der Multi-Dart 100 gibt es drei Varianten gegen unterschiedliche Ziele. Der Gefechtskopf

A/B hat sechs 1,65-kg-Pfeile, die 8 cm Panzerung durchschlagen können. Typ ABL setzt 36 190-g-Pfeile gegen bis zu 1,5 cm starke Panzerung ein und Typ AMV 192 35-g-Pfeile gegen bis zu 8 mm starke Panzerung. Multi-Dart 100 wird eingesetzt von Flugzeugen wie Alpha Jet, Jaguar, Mirage F.1 und 2000 sowie von Super Étendard; derzeit verwenden ihn die Luftwaffen von Deutschland, Frankreich, Griechenland und Portugal.

Zwei 100-mm-Multi-Dart-Raketen mit einer LR-F3-Startgondel. Hinten im Bild erkennt man eine LR-68-12- und eine LR-68-22-Gondel für 68-mm-Raketen, daneben eine AEREA-HL-10-70 für 70-mm-Raketen. Vor der Bell 412 liegt ein 122-mm-Startgerät des Typs HL-3-122 von SNIA mit Rakete, darüber hängt die 81-mm-Gondel 81-HLA-12, ebenfalls von SNIA.

Hersteller:	Vympel
Land:	Russland
Durchmesser:	12,2 cm
Länge:	2,99 m
Gewicht:	75 kg

Die 122-mm-Rakete S-13 wurde Ende der 70er Jahre als Luft-Boden-Rakete entwickelt und kann Beton-Konstruktionen wie Gebäude oder Startbahnen durchschlagen. Später kamen Panzerabwehr-, Splitter- und Brand-Varianten hinzu. Die S-13 kann mit der B-13L-Startgondel von Jagdbombern wie Hubschraubern eingesetzt werden. Diese fünfschüssige Gondel ist für Jagdbomber wie Hubschrauber fast identisch, allerdings hat Letztere keinen konischen Bug, was ihre Länge auf 3,06 m verringert; sie wird als B-13L-1 bezeichnet. Die Daten beziehen sich auf die panzerbrechende S-13T mit Tandem-Gefechtskopf. Die B-13L kann von den meisten russischen Jagdbombern mitgeführt werden und ist in Russland sowie den meisten Luftwaffen des ehemaligen Warschauer Pakts im Einsatz, so auch in Polen, Tschechien und Ungarn.

Links: *122-mm-Raketen des Typs S-13T mit einer B-13L Startgondel.*

Hersteller:	Aerea
Land:	Italien
Durchmesser:	42,2 cm
Länge:	1,54 m
Gewicht:	250 kg

Standardbombenschlössern mitgeführt werden. Die Streitkräfte Italiens sowie einer Anzahl anderer Staaten setzen sie ein.

Die HL-19-70-Startgondel von AEREA fasst neunzehn 70-mm-Raketen und ist für Hubschrauber bestimmt.

Aerea hat etliche Raketengondeln entwickelt, die an NATO-Standardbombenschlössern befestigt werden können. Diese Gondeln passen zu schnellen Jagdbombern, Schulflugzeugen und Hubschraubern und haben unterschiedliche Kaliber. An schnellen Flugzeugen wird meist eine konische Bugverkleidung angebracht, die die aerodynamischen Eigenschaften der Gondel verbessert. Sie wird von den Raketen durchstoßen, ohne deren Leistungen zu beeinträchtigen. Die Bezeichnung der Gondel verweist auf ihren Träger: AL = Flugzeug, HL = Hubschrauber, SAL = Überschallflugzeug, danach folgt die Anzahl von Raketen. Die Anzahl der Raketen hängt vom Einsatz und den Gefechtsköpfen ab und variiert von 4-6 für Ausbildung oder Zielmarkierung bis hin zu 29 für den Flächenangriff. Die letzte Zahl bezeichnet das Kaliber: 50 für 51 mm, 70 für 70 mm, 80 für 81 mm und 122 für 122 mm. Die angegebenen Daten beziehen sich auf einen HL-19-70 – Hubschrauber, 19 Schuss, Kaliber 70 mm. Bislang hat Aerea 18 Raketenstartgondeln konstruiert. Sie können von den meisten NATO-Flugzeugen mit

BRD-ÜBUNGSBOMBEN- UND -RAKETENSCHLOSS

Hersteller:	Aerea
Land:	Italien
Durchmesser:	43,1 cm
Länge:	2,40 m
Gewicht:	160 kg

Die Aerea-Familie von BRD-Gondeln kann Raketen verschiedener Kaliber sowie Übungsbomben unter den Tragflächen von Jagdbombern der italienischen Luftwaffe tragen. Die Bezeichnungen geben die Anzahl der Übungsbomben an, gefolgt von der Anzahl der Raketen sowie deren Kaliber. Beispiel: BRD-4-250 trägt vier Übungsbomben plus zwei 50-mm-Raketen (es gibt auch noch BRD für die Kaliber 68 und 70 mm), während unter BRD-4-4CRV7 vier Übungsbomben und vier CRV7 hängen. BRD 68 und 70 mm können ebenfalls vier Raketen mitführen. Das Gesamtgewicht der Gondel hängt von den Gefechtsköpfen ab.

Links: *Eine gekippte BRD-4-2CRV7 zeigt die Bombenschlösser und je zwei Mk.76- und Mk.106-Übungsbomben sowie zwei CRV7-Raketen.*

Unten: *Diese BRD-4-250-Gondel und die anderen Gondeln werden nur zu Übungszwecken benutzt.*

HMP- UND RMP-GONDELSYSTEME

Hersteller:	FN Herstal
Land:	Belgien
Durchmesser:	41 cm
Länge:	1,81 m
Höhe:	0,46 m
Gewicht:	180 kg

Die Gondelsysteme HMP und RMP für schweres MG und Raketen/MG wurden in den 70er Jahren entwickelt, um Hubschrauber, die sonst unbewaffnet fliegen, mit einer Selbstverteidigungs- oder sogar leichten Angriffskapazität zu versehen. Die HMP wurde in den 70er Jahren von FN Herstal als Anbausystem entwickelt. Weiterentwicklungen in den 80er Jahren vereinigten das 12,7-mm-MG mit vier Rohren für die meisten 70-mm-Standardraketen; sie heißen HMP-RL. Eine ähnliche RMP-Gondel besteht aus leichterem Material, trägt aber nur drei Raketen und ist für leichtere Hubschrauber bestimmt. Die HMP-RL-Gondel bewaffnet Mehrzweckhubschrauber und Unterschallflugzeuge.

Die kombinierte Kanonen- und Raketengondel HMP-RL. Ebenfalls neben der AS 565 Panther ausgestellt sind die Raketengondeln TBA (jetzt TDA) LR 68 22L und FN Herstal LAU 19A.

Hersteller:	FN Herstal
Land:	Belgien
Durchmesser:	26,5 cm
Länge:	1,90 m
Gewicht:	124 kg max

Außer Raketen stellt FN Herstal auch verschiedene Raketenstartgondeln her. Sie können nicht nur die eigenen Raketen aufnehmen, sondern auch alle anderen 70-mm-Raketen, auch mit Falt- oder Ringleitwerk. Die Raketengondel LAU 7A (s. Daten) hat sieben Rohre mit Doppelauslöser. Sie ist einfach zu laden und kann an jedem Flugzeug angebracht werden, das für Raketengondeln ausgelegt ist. Der aerodynamisch günstige Bug eignet sich für Jagdbomber. Die Rohre der LAU 7A überstehen mehr als 100 Abschüsse, danach werden sie ausgewechselt. Die LAU 19A nimmt 19 Raketen auf und hat ebenfalls einen strömungsgünstigen Bug für den Einsatz an Jagdbombern. Die Gondeln LAU 7H, LAU 12H und LAU 19H tragen sieben, zwölf oder 19 Raketen, haben einen flachen Bug und sind nur für Hubschrauber bestimmt.

Die Raketenstartgondel LAU 7A ist für Jagdbomber bestimmt.

Die Panzerabwehrrakete 9M17 an einer Mi-24.

Hersteller:	Nudelman
Land:	Russland
Durchmesser:	13,2 cm
Spannweite:	66 cm
Länge:	1,16 m
Gewicht:	29,4 kg

Der Panzerabwehr-Lenkflugkörper 9M17 Skorpion wurde in den 60er Jahren für Boden- und Lufteinsätze entwickelt. Er erhielt die NATO-Bezeichnung AT-2 „Swatter". Der Flugkörper Skorpion ist in hoher Stückzahl gefertigt worden. Vermutlich haben Weiterentwicklungen zu Varianten mit Draht-, Funk- und IR-Lenkung geführt. Der Lenkflugkörper Skorpion wurde häufig an den Hubschraubern Mi-8/17 und Mi-24 beobachtet. Er wurde von den Streitkräften des ehemaligen Warschauer Paktes verwendet und könnte vereinzelt noch im Einsatz sein.

Hersteller:	Kolomna
Land:	Russland
Durchmesser:	12,5 cm
Spannweite:	39 cm
Länge:	98 cm
Gewicht:	12,5 kg
Reichweite:	3 km

Der panzerbrechende Lenkflugkörper 9M14 Malyutka wurde Ende der 50er Jahre zunächst als am Boden gestartete Panzerabwehrwaffe entwickelt; die NATO nannte ihn AT-3 „Sagger". Der drahtgelenkte Flugkörper hat sich seitdem zur wirksamen Hubschrauberwaffe gewandelt. Vom Malyutka wurden verschiedene Varianten gebaut. Frühe Modelle

Oben: *Drei 9M14 Malyutka an einer Mi-17.*

Rechts: *Erbeutete irakische 9M14 warten in Kuwait auf ihre Zerstörung.*

hatten einen konischen Bug und variierten in ihrer Länge von 86 bis 90 cm, spätere Varianten hatten einen Tandemgefechtskopf, mit dem sie Panzerung durchschlagen konnten – man erkennt sie am verlängerten Bug.

TYP:	LENKFLUGKÖRPER 9M114 KOKON (AT-6/AT-9 „SPIRAL")

Hersteller:	Kolomna
Land:	Russland
Durchmesser:	13 cm
Länge:	1,75 m
Gewicht:	38,5 kg
Reichweite:	6 km

Der panzerbrechende Lenkflugkörper 9M114 Kokon wurde in den 70er Jahren entwickelt und in den 80ern eingeführt; die NATO nannte ihn AT-6 „Spiral". Der Rohrhülsen-Flugkörper wird primär gegen Bodenziele wie Panzer und andere Fahrzeuge eingesetzt, kann aber auch Hubschrauber in der Luft bekämpfen. Den Kokon gibt es auch als Boden-Boden-Flugkörper. Der 9M114 Kokon wird in einer versiegelten Hülse aufbewahrt, die einen einzigen Flugkörper enthält. Die Hülse ist 1,98 m lang und 37 cm dick; sie fungiert als Startgerät. Vermutlich wird der 9M114 im Flug per Funk gesteuert. Er kann mit einem Hochbrisanz- oder einem Splitter-Gefechtskopf versehen werden. Am AT-9 wurden Datenverbindung, Gefechtskopf und Reichweite verbessert. Die AT-6/AT-9-Flugkörper können von einer Reihe von Hubschraubern eingesetzt werden, so auch von Mi-8 und Mi-24. Durch unterschiedliche Startgerät-Anordnungen können von Mi-28 und Mi-35 bis zu 16 Flugkörper mitgeführt werden. Der 9M114 wird von etlichen Betreibern dieser Hubschraubertypen eingesetzt, so auch von Polen, Tschechien und Ungarn.

Zwei Vierfach-Startgeräte mit 9M114 Kokon mit einem B-8V-20-Startgerät an einer Mi-35.

3-KG- und 14-KG-ÜBUNGSBOMBEN

Hersteller:	Portsmouth Aviation
Land:	Großbritannien
Durchmesser:	7,6 cm
Spannweite:	15,3 cm
Länge:	38,1 cm
Gewicht:	3,3 kg

Portsmouth Aviation entwickelte und produziert die 3-kg- und 14-kg-Übungsbomben für die RAF. Zwei Größen dieser Übungsbomben sind derzeit im Einsatz: die 3-kg-Bombe, die Verzögerungsbomben darstellt, und die 14-kg-Bombe, die Mk.80-Bomben darstellt. Beim Aufprall auf den Boden stoßen sie Rauch aus, um ihr Auffinden zu erleichtern. Stabilisierungsplatten können der 3-kg-Bombe die Eigenschaften spezieller Bomben verleihen. 3-kg- wie 14-kg-Übungsbomben sind derzeit bei der RAF im Einsatz und werden in leichtem Bombengeschirr

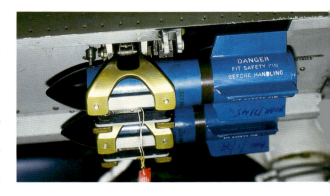

3-kg-Übungsbomben im leichten CBLS-Bombengeschirr.

(CBLS) mitgeführt, das unter die meisten Flugzeugtypen passt, so auch Alpha Jet, Hawk, Jaguar und Tornado. Sie wurden auch exportiert.

260-KG-GP-BOMBE (MK.1 und MK.2)

Hersteller:	BAE-Systems (Royal Ordnance)
Land:	Großbritannien
Durchmesser:	33 cm
Spannweite:	46 cm
Länge:	2 m
Gewicht:	260 kg (500 lb)

Die 260-kg-(500-lb)-Mehrzweckbombe der RAF wurde von Royal Ordnance aus Bomben des 2. Weltkriegs entwickelt. Sie wurden so weiterentwickelt, dass sie auch von schnellen Strahlflugzeugen eingesetzt werden können. Gegenüber der 250-lb-Bombe wurde ihr Äußeres strömungsgünstiger gestaltet, die Hauptverbesserungen jedoch befinden sich im Inneren: am Zünder und am Sprengsatz. Es gibt eine Mk.1- und eine Mk.2-Bombe mit unterschiedlichem Sprengsatz, die sich geringfügig im Gewicht unterscheiden. Beide Bomben können mit zwei Leitwerken versehen werden: Nr. 116 für Standardballistik und Nr. 118 für Verzögerungseinsätze. Die 260-kg-Mehrzweckbombe wird eingesetzt von Harrier, Hawk, Jaguar, Sea Harrier und Tornado, und zwar von RAF und RN.

Eine 260-kg-Bombe mit einem AIM-9L-Sidewinder-Lenkflugkörper und einer Phimat-Gondel an einer Jaguar.

430-KG-GP-BOMBE (MK.10, 13, 18, 20, 22)

Hersteller:	BAE Systems (Royal Ordnance)
Land:	Großbritannien
Durchmesser:	42 cm
Spannweite:	58 cm
Länge:	2,26 m
Gewicht:	430 kg

Die 430-kg-(1000-lb)-Mehrzweckbombe der RAF wurde von Royal Ordnance aus Bomben des 2. Weltkriegs entwickelt. Sie wurden jedoch verbessert, um auch von schnellen Strahlflugzeugen eingesetzt werden zu können. Derzeit hat sie Mk.22 erreicht, Vorgängertypen sind aber für verschiedene

Rollen noch vorrätig. Wie bei der 260-kg-Bombe betreffen die Verbesserungen vor allem Zünder und Sprengsatz. Es gibt drei Leitwerktypen: Nr. 107 und 114 für Standardballistik und Nr. 117 für Verzögerungseinsätze. An den Bombenschlössern können auch Paveway II und III eingeklinkt werden.

Eine 430-kg-Übungsbombe am mittleren Außenlastträger einer Tornado GR.1.

TYP: VERZÖGERUNGSLEITWERK TYP 117 UND 118

Hersteller:	Portsmouth Aviation/Hunting Engineering
Land:	Großbritannien

Die Verzögerungsleitwerke Typ 117 und 118 können an 260- und 430-kg-Bomben montiert werden, die dann im Tiefflug abgeworfen werden, ohne das Trägerflugzeug zu gefährden. Typ 117 und 118 erscheinen ähnlich, sind aber jeweils nur für die 430- beziehungsweise die 260-kg-Bombe bestimmt. Wenn sie vom Flugzeug abgeworfen werden, aktiviert eine Schaltuhr die Verzögerungsarme. Diese haben die Form der Leitwerkshülle, die sich mit Scharnier am Heck in vier Arme aufteilt. Unter diesen Armen entfaltet sich ein Bänderfallschirm. Erst diese Sequenz macht die Bombe scharf – sollte sich der Verzögerungsmechanismus nicht öffnen, ist die Bombe nicht scharf und bedroht das Flugzeug nicht. Die Verzögerungsleitwerke können an allen scharfen 260- und 430-kg-Bomben und -Übungsbomben von RAF und RN angebracht und von allen Flugzeugen eingesetzt werden, die diese Bomben tragen können, so auch Harrier, Hawk, Jaguar, Sea Harrier und Tornado. Mit Adaptern können sie auch an Mk.80-Bomben befestigt werden. Für andere Luftwaffen wurden sie exportiert.

Eine 260-kg- (vorn) und eine 430-kg-Übungsbombe mit den Verzögerungsleitwerken Typ 118 und 117.

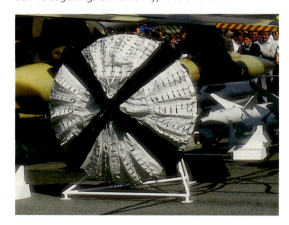

Das Verzögerungsleitwerk des Typs 117 mit Schirm und Spreizarmen.

TYP: TÄUSCH-LENKFLUGKÖRPER ADM-141 TALD/ITALD

Hersteller:	IMI/Brunswick
Land:	Israel
Spannweite:	1,55 m
Länge:	2,34 m
Gewicht:	182 kg
Höchstgeschwindigkeit:	Mach 0,8
Reichweite:	297 km
Dienstgipfelhöhe:	9150 m (30.000 ft)

Im engeren Sinne keine Waffe, ist ITALD eine Weiterentwicklung des taktischen Täusch-Lenkflugkörpers TALD, der Flugzeuge bei ihren SEAD-Einsätzen unterstützt und ihre Aufträge sicherer macht. ITALD ist ein luftgestützter Abstands-Täuschkörper, den IMI mit einem Radarreflektor versehen hat, der ein Echo erzeugt, das ein angreifendes Flugzeug vortäuscht. Sobald feindliche SAM-Stellungen auf ihn

aufmerksam werden, stört er deren Radar, sodass Strahlungsbekämpfungs-Lenkflugkörper wie HARM mit nur geringem Risiko gegen sie eingesetzt werden können. TALD wurde von IMI für die israelische Luftwaffe gebaut, von Brunswick als ADM-141 für die USN. Anfang der 90er Jahre entwickelte Brunswick einen verbesserten TALD, ITALD genannt. Bei ähnlicher Größe wird ITALD von einem TL-Triebwerk angetrieben, das die Reichweite auf 300 km erhöht. ITALD kann auf realistische Flugprofile vorprogrammiert werden: mit Geschwindigkeiten von Mach 0,45 bis Mach 0,8 und Höhen von 150 bis 9150 m. Mit seinem Bordnavigations- und GPS-System kann ITALD bestimmte Kontrollpunkte passieren oder nach Geländekonturen fliegen, seinen Weg also alleine finden. ITALD passt in jedes Standard-

Der ADM-141C-ITALD-Täuschflugkörper mit ausgeklappten Tragflächen.

bombenschloss. Alle ITALD werden derzeit von IMI gefertigt und an die USN sowie die israelische Luftwaffe für den Einsatz mit F/A-18, F-4, F-16 und S-3 ausgeliefert.

TYP: LENKFLUGKÖRPER AGM-45 SHRIKE

Hersteller:	Raytheon (Texas Instruments)
Land:	USA
Durchmesser:	20,3 cm
Spannweite:	91,4 cm
Länge:	3,05 m
Gewicht:	177 kg
Höchstgeschwindigkeit:	Mach 2
Reichweite:	40 km

Anfang der 60er Jahre entwickelte das Naval Weapons Center in China Lake den Strahlungsbekämpfungs-Lenkflugkörper AGM-45 Shrike. 1963 führte Texas Instruments ein Fertigungs-Konsortium an; 1965 wurde er in Dienst gestellt. Shrike basiert auf der Zelle der AGM-7 Sparrow und benutzt einen passiven Radarsensor, um die Strahlungsquelle aufzuspüren und zu verfolgen. Da der Sensor nur ein relativ schmales Frequenzband überwachen konnte, wurden ständig neue Sensoren konstruiert, um neuen Bedrohungen – sobald entdeckt – zu begegnen. Shrike wurde erstmals mit begrenztem Erfolg in Vietnam eingesetzt, später dann auch im ersten Golfkrieg. In dieser Periode wurde das letzte Dutzend Sensoren hergestellt. Der Flugkörper wurde von F-

Eine AGM-45 Shrike unter der Tragfläche einer F-16 Fighting Falcon.

105 und EA-6 in Vietnam eingesetzt, später wurde er für A-4, A-7, F-4, EF-111 und Vulcan freigegeben. Er wurde von USAF und USN eingesetzt und an viele Staaten verkauft, so an Belgien, Dänemark, Griechenland, Großbritannien, Norwegen und die Türkei. Zwar wurde er von ALARM und HARM abgelöst, aber etliche der vielen Tausend Flugkörper sind sicher bei einigen Luftwaffen noch auf Lager.

TYP: LENKFLUGKÖRPER AGM-65 MAVERICK

Hersteller:	Raytheon (Hughes)
Land:	USA
Durchmesser:	20,3 cm
Spannweite:	91,4 cm
Länge:	3,05 m
Gewicht:	177 kg
Höchstgeschwindigkeit:	Mach 2
Reichweite:	40 km

Hughes begann Mitte der 60er Jahre mit der Entwicklung der AGM-65 Maverick als fernsehgelenktem Flugkörper. 1972 wurde sie in Dienst gestellt. Diese sehr erfolgreiche Waffe erwies sich als einfach zu handhaben und wirksam gegen Panzer und andere Bodenziele. Bei relativ geringen Kosten ist die Produktion recht hoch. Sie erfüllt nicht nur die Forderungen der USAF, sondern auch USN

Ein Übungs-Maverick mit intaktem Fernsehsuchkopf erlaubt es dem Piloten, das Auffinden des Ziels mit dem Suchkopf zu üben.

Hier sieht man eine AGM-65G2 an einer Harrier GR.7 zusammen mit dem Raketenstartgerät LAU 5003 für die CRV7.

und USMC haben beträchtliche Stückzahlen bestellt oder auch Varianten, die sich besser für Seeziele eignen. Die Maverick kann mit verschiedenen Zündern und Gefechtsköpfen versehen werden; sie sind austauschbar. Von der Maverick ist eine Anzahl von Varianten gebaut worden, angefangen mit der AGM-65, dem Basis-TV-Modell. Die AGM-65B hatte ein vergrößertes Bild und weitere Neuerungen. Die AGM-65C hatte eine Laserlenkung mit Beleuchtung entweder vom Boden oder von einem anderen Flugzeug aus. Die AGM-65D hatte einen IR-Suchkopf, der sich gegenüber anderen Modellen über die doppelte Entfernung auf Ziele aufschalten konnte. Die AGM-65E war eine Weiterentwicklung der C speziell für das USMC mit einem wirksameren Splittergefechtskopf und digitaler Verarbeitung. Die AGM-65F ist eine Marineversion der D mit einem effizienteren Splittergefechtskopf. Die AGM-65G hat einen IR-Suchkopf mit modifizierter Software zur Erfassung einzelner Ziele in größeren Rudeln. Die AGM-65H ähnelt dem A/B-Modell, hat aber ein

verbessertes Bild und ist leichter gebaut. Die AGM-65J ist ebenfalls ein USMC-Modell, aber mit wirksamerem Splittergefechtskopf. Die AGM-65K ist der J mit größerem Gefechtskopf ähnlich, enthält aber kleinere Modifikationen für die USAF. Die Maverick wird eingesetzt von A-7, A-10, AV-8B, F-4, F-5, F-15, F-16, F/A-18, Gripen und P-3. Sie kann auch von Hubschraubern wie AH-1W oder SH-2G eingesetzt werden. Die RAF hat kürzlich die AGM-65G für die Harrier GR.7 ins Inventar aufgenommen. Die Maverick ist ist weltweit in den Streitkräften von 24 Ländern anzutreffen; mehr als 30.000 wurden bisher gebaut. In der NATO setzen sie folgende Staaten ein: Belgien, Dänemark, Deutschland, Holland, Italien, Norwegen, Portugal, Spanien und die Türkei. US-Meldungen zufolge wurden im ersten Golfkrieg 5300 Maverick abgefeuert, von denen 4800 Treffer bei Panzern, Kraftfahrzeugen, Geschützen und anderen Zielen erzielten; darunter höchstwahrscheinlich auch zahlreiche Gummiattrappen, mit denen die Iraker die Angreifer zum Narren hielten.

TYP: MARSCHFLUGKÖRPER AGM-86 ALCM/CALCM

Eine AGM-86 beim Probeflug.

Hersteller:	Boeing
Land:	USA
Durchmesser:	69,3 cm
Spannweite:	3,65 m
Länge:	6,32 m
Gewicht:	1458 kg
Reichweite:	2500 km

Die Entwicklung des luftgestützten Marschflugkörpers (ALCM) AGM-86 begann Mitte der 70er Jahre. Er wurde mit nuklearem oder konventionellem Gefechtskopf für den Einsatz mit B-52H gebaut. Vom AGM-86 wurden vier Modelle hergestellt. AGM-86A war der Prototyp, der nicht in Serie ging; er war 2 m kürzer als die Folgemodelle. 1715 AGM-86B erhielten den nuklearen Gefechts-

Hier werden 322 nuklear bewaffnete AGM-86B zur konventionell bewaffneten AGM-86C CALCM umgerüstet.

Eine beträchtliche Anzahl von AGM-86C wurde von B-52 bei den Angriffskriegen in Serbien und im Irak eingesetzt.

kopf W-80. Sie sollten in großer Zahl die Luftverteidigung saturieren und es bemannten Flugzeugen ermöglichen, wichtige Ziele sicherer anzugreifen. Der AGM-86C ist ein umgerüsteter AGM-86B mit neuem Triebwerk und konventionellem Gefechtskopf. Dieses Modell, auch als CALCM bezeichnet,

wurde erstmalig im ersten Golfkrieg eingesetzt und später gegen serbische Ziele. Derzeit rüstet Boeing für die USAF 322 nukleare AGM-86B zu CALCM um. Die letzten 50 ALCM werden auf AGM-86D-Standard mit Durchschlags-Gefechtskopf umgerüstet.

TYP: LENKFLUGKÖRPER AGM-88 HARM

Hersteller:	Raytheon (Texas Instruments)
Land:	USA
Durchmesser:	25,4 cm
Spannweite:	1,13 m
Länge:	4,18 m
Gewicht:	366 kg
Höchstgeschwindigkeit:	Mach 2+
Reichweite:	18,5 km

Der Radarbekämpfung-Lenkflugkörper AGM-88 HARM wurde Ende der 70er Jahre von Texas Instruments entwickelt und hat die älteren Flugkörper AGM-45 Shrike und AGM-78 Standard weitgehend ersetzt. Die HARM flog erstmalig 1979 und wurde 1983 in die USAF eingeführt. Die HARM kennt drei

Ein Waffenwart der USAF überprüft eine AGM-88 HARM an einer F-16CJ Fighting Falcon in Aviano vor einem Einsatz über dem früheren Jugoslawien.

Betriebsarten. Im „Selbstschutz" entdecken die Sensoren des Flugzeugs eine Radarabstrahlung, die dann vom Bordrechner ausgewertet und nach ihrer Bedrohung eingestuft wird; diese Information wird dem Piloten angezeigt und an die HARM weitergegeben. Diese Verarbeitung dauert nur einen Sekundenbruchteil und der Pilot kann die HARM jederzeit abfeuern. In der Betriebsart „Erkannte Ziele" werden dem Sensor eine oder mehrere Radarsignaturen eingegeben, bevor die HARM auf ein bekanntes Zielgebiet abgefeuert wird. Sie fliegt dann mit etwa Mach 7 mit Trägheitsnavigation auf ihr Ziel zu und aktiviert ihren Sucher 11-16 km vor dem Ziel. Sollte das vorbestimmte Ziel jetzt abgeschaltet sein, sucht sie sich ein alternatives Ziel oder zerlegt sich selbst. In der „SEAD"-Betriebsart sucht sich der HARM-Suchkopf zusammen mit den Sensoren des Flugzeugs eine beliebige feindliche Radarstrahlenquelle und wird dann abgefeuert. Es gibt vier grundlegende HARM-Modelle, von denen sich aber im Laufe der Zeit auch Untervarianten entwickelten. Bei der AGM-88A müssen die Suchparameter im Depot geändert werden, während bei der AGM-88B, Ende der 80er Jahre eingeführt, die Software auf dem Fliegerhorst geändert werden kann. Viele wurden mit dem Suchkopf des C-Modells ausgerüstet. Die AGM-88C hat eine verbesserte Avionik, und die AGM-88D hat zusätzlich GPS, mit dem sie zum Ziel findet, selbst wenn dessen Radar abgeschaltet ist. Die Einführung des ASQ-213 HARM Targeting System (HTS) erlaubt ein verbessertes Zielaufspüren mit großer Reichweite, bei dem das HTS die Entfernung zum Ziel berechnet, sodass der Flugkörper in der wirksamsten Betriebsart arbeiten kann. Die ASQ-213-Gondel wird links vom Lufteinlauf einer F-16CJ an der gleichen Stelle wie LANTIRN bei anderen F-16-Varianten montiert, ist aber nur halb so groß. HARM-Lenk- flugkörper wurden ausgiebig im ersten Golfkrieg eingesetzt sowie bei Einsätzen über dem ehemaligen Jugoslawien. Sie wurden von A-6 Intruder, A-7 Corsair und F-4G Phantom (Wild Weasel) verwendet. Derzeit werden sie vor allem von EA-6B Prowler, F-16 Fighting Falcon, F/A-18 Hornet und Tornado IDS/ECR mitgeführt.

TYP: LENKFLUGKÖRPER AGM-114 HELLFIRE

Hersteller:	Boeing (Rockwell)
Land:	USA
Durchmesser:	17,8 cm
Spannweite:	33 cm
Länge:	1,63 m
Gewicht:	45-50 kg
Höchstgeschwindigkeit:	Mach 1,17
Reichweite:	8 km

Der Lenkflugkörper AGM-114 Hellfire wurde in den 70er Jahren von Rockwell als panzerbrechende Waffe mit der Fähigkeit zu Präzisionsangriffen auf Bunker und andere wichtige Ziele geschaffen. Die Ausschreibung verlangte, dass der Flugkörper sowohl bewegliche als auch stationäre Ziele zerstören konnte. Der erste gelenkte Start einer Hellfire fand 1978 von einer AH-1G Cobra aus statt, weitere erfolgreiche Erprobungen folgten. 1985 wurde sie vom US-Heer als AGM-114A in Dienst gestellt. Die Weiterentwicklung führte dann zur AGM-114B mit raucharmem Motor für die US-Marine, sie besaß eine neue Entsicherungsmethode, um die Sicherheit an Bord von Schiffen zu erhöhen. Auch das US-Heer bestellte die AGM-114B, jedoch ohne diese Entsicherung, AGM-114C genannt. Das nächste Serienmodell war die AGM-114F, die noch stärkere Panzerung durchschlagen konnte und deren Länge auf 1,80 m anstieg, um den Extra-Gefechtskopf aufzunehmen. Nach dem ersten Golfkrieg wurde die AGM-114K entwickelt, die einige Mängel, die in dem Konflikt festgestellt worden waren, abstellte und einige bereits geplante Verbesserungen verwirklichte. Dazu gehörte die schlechte Erfassung von Zielen, die von Laser beleuchtet wurden, aber teilweise von Rauch verdeckt waren. Zusätzlich gab es Verbesserungen an Suchkopf und Gefechtskopf sowie Störschutzmaßnahmen. Dieses verbesserte Modell bezeichnete man jetzt als Hellfire 2. Eine Variante mit zusätzlichen Sicherheitsmaßnahmen und Splitter-Gefechtskopf bestellte die US-Marine als AGM-114M für den Einsatz mit ihrer AH-1W Super Cobra. Die nächste Variante war die AGM-114L, die anstatt mit Lasersucher mit Millimeterwellen arbeitet, was ihr Tag-/Nacht-/Allwetter-Eigenschaften beim Einsatz mit AH-64D Longbow Apache verleiht.

Die britische Variante Brimstone (s. dort) wurde für den Einsatz mit schnellen Strahlflugzeugen sowie mit Hubschraubern bestellt. Für die Hellfire werden zwei Hubschrauber-Startgeräte verwendet: Das M272 war das ursprüngliche Modell, wurde aber vom M299 mit volldigitaler Schnittstelle für spätere Flugkörpervarianten abgelöst. Beide Modelle gibt es mit je zwei oder vier Startschienen. Zusätzlich zur luftgestützten Hellfire wurden Varianten für den Küstenschutz entwickelt sowie für den Boden-Boden-Einsatz von Kraftfahrzeugen aus. Eine Luft-Luft-Variante wird derzeit untersucht. Im ersten Golfkrieg wurden ausgiebig Hellfire eingesetzt: Etwa 4000 Flugkörper wurden auf irakische Ziele abgefeuert. Im Februar 2001 wurde eine interessante und logische Variante des Hellfire-Einsatzes unternommen, als ein Flugkörper von einer RQ-1A Predator abgeschossen wurde. Diese unbemannte Drohne wurde für Aufklärungszwecke beschafft – jetzt sollen mit ihr Verluste unter den Flugzeugbesatzungen vermieden werden. Der größeren Predator B wird nachgesagt, dass sie bis zu 16 Hellfire tragen könne. Das US-Heer setzt Hellfire

Unscharfe AGM-114 Hellfire an einer AH-64 Apache sowie eine M261-Raketenstartgondel.

ein mit seinen AH-1, AH-64, OH-58 und UH-60; die RAH-66 wird folgen. In USN und USMC bewaffnen sie SH-60 und AH-1W. Exporte gingen weltweit an zahlreiche Staaten wie etwa Griechenland, Großbritannien, Holland, Kanada und die Türkei sowie an eine Reihe von Nicht-NATO-Staaten.

TYP: LENKFLUGKÖRPER AGM-122 SIDEARM

Hersteller:	NAWC/Motorola
Land:	USA
Durchmesser:	12,7 cm
Spannweite:	63 cm
Länge:	3,05 m
Gewicht:	91 kg
Höchstgeschwindigkeit:	Mach 2,5
Reichweite:	18 km

Die AGM-122A Sidearm (SIDEwinder Anti-Radiation Missile) bestehen aus umgerüsteten überschüssigen AIM-9C und verwenden einen passiven Radarsuchkopf. Sie wurden im China Lake Naval Weapons Center konstruiert und von Motorola gebaut. Diese Umrüstung erfolgte Mitte der 80er Jahre und schuf für USN und USMC eine preiswerte, aber wirksame Radarbekämpfungswaffe für deren A-4, AV-8A/B, F/A-18 und AH-1T-Hubschrauber. Obwohl nicht so hoch entwickelt wie die HARM und ohne Störschutz, stellt die Sidearm nach der Umrüstung weitere 1000 Radarbekämpfungswaffen. Pläne für ein verbessertes Modell mit neuem Suchkopf sollten zur AGM-122B führen, wurden aber von der AARGM (s. dort) überholt.

Die AGM-122 Sidearm sind für USN und USMC umgerüstete überschüssige AIM-9C.

TYP: MARSCHFLUGKÖRPER AGM-129 ACM

Hersteller:	Raytheon (General Dynamics)
Land:	USA
Durchmesser:	68,6 cm
Spannweite:	3,1 m
Länge:	6,35 m
Gewicht:	1684 kg
Reichweite:	3000 km

General Dynamics begann mit der Entwicklung des Marschflugkörpers AGM 129 ACM 1983; er sollte den AGM-86 ALCM ersetzen. Er flog erstmalig 1985, verwendet Tarntechnologie und hat eine größere Reichweite als der ALCM. Er ist mit

Der Marschflugkörper Boeing AGM-129 ACM.

dem nuklearen Gefechtskopf W80 bewaffnet und hat ein hoch entwickeltes Navigationssystem, das der feindlichen Luftverteidigung ausweichen kann. Stark verteidigte Ziele kann er mit hoher Präzision angreifen, indem er in der Schlussphase Laserradar einsetzt. Im November 1987 wurde McDonnell Douglas zweiter Auftragsnehmer; insgesamt wurden 461 gebaut. Im Juni 1990 wurde der AGM-129A bei der USAF in Dienst gestellt und wird von B-1B, B-2A und B-52H eingesetzt, obwohl verlautet, dass er nur von den 48 B-52 der Fliegerhorste Barksdale und Minot mitgeführt werden soll. Der Marschflugkörper kann intern auf einem drehbaren Waffenträger oder extern an Trägern unter der Tragfläche eingesetzt werden. Zu den Varianten zählte auch der AGM-129B, der konventionell oder mit Streuwaffen bestückt werden sollte; er ging jedoch nicht in Serie. Der AGM-129C ist eine USAF-Version des AGM-129A mit GPS und einem konventionellen Durchschlags-Gefechtskopf.

TYP: LENKFLUGKÖRPER AGM-130

Hersteller:	Boeing (McDonnell Douglas)
Land:	USA
Durchmesser:	45,7 cm
Spannweite:	1,5 m
Länge:	3,91 m
Gewicht:	1324 kg
Reichweite:	64 km

Eine blinde AGM-130 für die Schulung von Bodenpersonal.

Anfang der 80er Jahre begann Rockwell mit der Entwicklung des Luft-Boden-Lenkflugkörpers AGM-130. Er flog erstmals 1984 und sollte die GBU-15 der USAF ersetzen – aber zu geringeren Kosten. Die AGM-130 ist der GBU-15 ähnlich, hat aber einen Raketenmotor, der ihr die doppelte Reichweite verleiht. Wie die GBU-15 verwendet sie die 1140-kg-Mk.84-Bombe, kann aber auch die BLU-109 mit Durchschlags-Gefechtskopf benutzen. Das Lenksystem beruht entweder auf TV oder IR und die Bilder werden über Datenverbindung dem Waffensystemoffizier (WSO) übermittelt, der bei Bedarf korrigierend eingreift. Die AGM-130 kann mit GPS/INS autonom oder manuell gesteuert das Ziel anfliegen. Von der AGM-130 sind verschiedene Varianten entwickelt worden; ihre Produktion begann als AGM-130 mit der Mehrzweckbombe 1140 kg Mk.84 als Gefechtskopf. Die AGM-130B benutzt den Streuwaffenbehälter SUU-54 als Gefechtskopf. Die AGM-130C verwendet den Durchschlags-Gefechtskopf BLU-109. Weitere Varianten ersetzen den Raketenmotor durch ein TL-Triebwerk und verwenden Zielerkennungs- und Laser-Suchköpfe. 1992 wurden die ersten 600 Lenkflugkörper an die USAF ausgeliefert. Das waren weniger als die zunächst geplanten 4000 Stück – aber nach den erfolgreichen Einsätzen im ersten Golfkrieg und gegen serbische Ziele im Kosovo wird die Zahl wohl wieder erhöht.

TYP: LENKFLUGKÖRPER AGM-142 HAVE NAP (POPEYE 1)

Hersteller:	Rafael
Land:	Israel
Durchmesser:	53,3 cm
Spannweite:	1,73 m
Länge:	4,83 m
Gewicht:	1362 kg
Reichweite:	100 km

Die AGM-142 Have Nap ist ein hoch entwickelter Luft-Boden-Lenkflugkörper mit Präzisionslenkung, entwickelt aus der Popeye, mit der taktische Flugzeuge der Israelis bewaffnet sind. Sie soll wichtige Boden- und Seeziele wie Kraftwerke, Raketenstellungen, Brücken, Bunker und Schiffe zerstören. Sie kennt mehrere Lenkungsarten, arbeitet angeblich mit höchster Präzision und trifft punktgenau. Die AGM-142 kann über große Entfernungen abgefeuert werden. Die USAF setzt sie derzeit mit dem Bomber B-52H ein; sie kann aber auch von anderen Flugzeugen verwendet werden.

Eine B-52H Stratofortress der USAF rollt zum Einsatz gegen serbische Ziele; drei der vier Lenkflugkörper AGM-142 Have Nap sind zu sehen.

Die AGM-142 ging 1989 in Serie. Sie fliegt zunächst mit Trägheitsnavigation autonom und schaltet sich dann mit Hochleistungs-IR oder -TV auf das Ziel auf. Diese Suchköpfe müssen vor dem Einsatz ausgewählt werden. Sie lenkt sich dann selbst ins Ziel und ist mit einem 453-kg-Splitter- oder -Durchschlags-Gefechtskopf bewaffnet. Von ihr wurden vier Varianten gebaut. Die AGM-142A hat einen TV-Sucher und einen 340-kg-Splitter-Gefechtskopf. Die AGM-142B arbeitet mit IR-Sucher und gleichem Gefechtskopf. Die AGM-142C verwendet TV-Sucher und 362-kg-Durchschlagsbombe, während die AGM-142D IR-Sucher und dieselbe Durchschlagsbombe benutzt. Während der Kosovo-Einsätze gegen serbische Ziele durch B-52 waren die AGM-142 nur begrenzt erfolgreich; nach deren Bewertung wurden sie zunächst ausgemustert. Berichten zufolge haben jedoch Software-Änderungen die Probleme gelöst und sie verbleiben im Dienst. Außer bei der USAF ist die AGM-142 auch bei der türkischen Luftwaffe im Einsatz und außerhalb der NATO bei den Luftwaffen Israels, Südkoreas und Australiens.

TYP: AGM-154-BOMBE JSOW

Hersteller:	Raytheon
Land:	USA
Durchmesser:	34 cm
Spannweite:	2,70 m
Länge:	4,06 m
Gewicht:	680 kg
Reichweite:	60 km

Die gemeinsame Abstandswaffe AGM-154.

Die AGM-154 ist eine Modulwaffe für eine Vielfalt von Streuwaffen, Suchern und Leitwerke. Sie war als preiswerte gemeinsame Waffe für USN und USAF geplant und hieß zunächst Joint Stand-Off Weapon (JSOW). Derzeit sind zwei Varianten in Produktion: die AGM-154A, die 145 BLU-97-Streuwaffen in der CBU-87/B von USAF, USMC und USN trägt – und die AGM-154B mit sechs BLU-108 in der CBU-97/B von USAF und USN. In Erprobung für die USN ist die AGM-154 mit BLU-111-Streuwaffen und Lenkrechner für GPS/INS-Navigation und IR-Sensor für den präzisen Zielanflug. Eine weitere Variante soll verschiedene Munitionsarten, Bomblets, Minen, Radarstörer und Panzerdurchschlagsmunition zusätzlich zum 226-437-kg-Gefechtskopf tragen. Sie kann auch mit einem kleinen TL-Triebwerk oder Raketenmotor zur Erhöhung der Reichweite sowie mit alternativen Sucheroptionen versehen werden. Die AGM-154 wird derzeit eingesetzt von F/A-18 und F-16, nach Beendigung der Erprobung auch von AV-8B, B-1, B-2, B-52, F-15E, F-117 und P-3. Sie kann auch von Jaguar, Tornado und Typhoon mitgeführt werden.

TYP: MARSCHFLUGKÖRPER AGM-158 JASSM

Hersteller:	Lockheed Martin
Land:	USA
Spannweite:	2,70 m
Länge:	4,27 m
Gewicht:	1021,5 kg
Reichweite:	185+ km

AGM-158 JASSM ist ein autonomer und konventioneller Luft-Boden-Marschflugkörper für USAF und USN zur Vernichtung wichtiger, stark verteidigter fester und beweglicher Ziele. Seine große Reichweite bewirkt, dass Besatzungen durch die gegnerischen Luftverteidigungssysteme weniger gefährdet werden. Seine Wirksamkeit ist so ausgelegt, dass ein Ziel mit einem Marschflugkörper vernichtet werden kann. Er navigiert mit GPS/INS und ist mit einem modernen IR-Suchkopf ausgerüstet, der sein Ziel erkennt und sehr präzise treffen kann. Er trägt einen 453-kg-Durchschlags-Gefechtskopf und seine Tarnkappenzelle erschwert es, ihn zu entdecken und zu zerstören. Seine Datenverbindung kann die Aufschaltung auf das Ziel bestätigen. 1999 und 2000 wurde eine Serie weiterentwickelter AGM-158 erfolgreich von F-16 gestartet. Sie erreichten ihr Ein-

Der Marschflugkörper AGM-158 JASSM mit ausgeklappten Tragflächen und eingeklapptem Heck – und den Silhouetten der Flugzeuge, die ihn tragen werden.

satzziel mit einer Reihe von Manövern einschließlich der Übertragung des voraussichtlichen Aufschlagpunktes. Die Serienproduktion begann 2001; 2003 sollte er in Dienst gestellt werden. Derzeit wird er von F-16 und B-52 eingesetzt; B-1B, B-2, F-15E, F/A-18E/F und F-117 werden folgen.

TYP: AFDS-ABWURFBEHÄLTER

Hersteller:	CMS/LFK
Land:	Deutschland
Spannweite:	63 cm
Länge:	3,47 m
Höhe:	32 cm
Gewicht:	600 kg

Der Abwurfbehälter AFDS wurde in den USA von CMS aus dem deutschen Streuwaffenbehälter MW-1 und dem DWS 24 entwickelt. Er wurde für

Eine F-16 Fighting Falcon wirft während der Erprobung einen AFDS-Abwurfbehälter ab

BODENZIELBEKÄMPFUNG

die F-16 entwickelt, kann aber auch von A-4, A-7, F-4 und F-5 mitgeführt werden. Die F-16 kann vier AFDS tragen. Anders als der MW-1, der am Flugzeug verbleibt, wird der AFDS ausgeklinkt und gleitet 10-20 km weit, abhängig von der Höhe des Abwurfs. Wie MW-1 und DWS 24 besteht er aus drei Teilen: dem aerodynamischen Bug, dem Heck

mit Leitwerk und dem Mittelrumpf, der je nach Einsatz verschiedene Streuwaffen enthält – von 24 RCB-Startbahnbrechern mit Tandemladung bis hin zu den kleineren Mehrzweckwaffen M42, von denen fast 2000 mitgeführt werden können. Die griechische Luftwaffe hat den AFDS für ihre A-7, F-4 und F-16 bestellt.

TYP: LENKFLUGKÖRPER ALARM

Hersteller:	MBDA (BAe Dynamics)
Land:	Großbritannien
Durchmesser:	22 cm
Spannweite:	72 cm
Länge:	4,3 m
Gewicht:	265 kg
Reichweite:	45 km

Die Entwicklung dieses Antiradar-Flugkörpers begann 1980 bei British Aerospace auf Forderung der RAF, die ihre Shrike-Flugkörper ersetzen wollte. Die Alarm ist ein autonomer Lenkflugkörper: Sobald feindliche Radarsignale entdeckt oder vermutet werden, können eine oder mehrere Alarm abgefeuert werden. Sie kennt fünf Angriffsarten – der Pilot muss sie lediglich außerhalb der Reichweite feindlicher Flugabwehrsysteme abfeuern, dann wählt sie das optimale vorprogrammierte Angriffsprofil auf das Radarziel aus. Sie wird mit den Daten der Bedrohungs-Radargeräte vor dem Start programmiert – sie können bei Bedarf noch während des Fluges geändert werden – und dann abgefeuert. Zunächst steigt sie beim Anflug auf das Ziel auf Einsatzhöhe. Gleichzeitig sucht ihr passiver Suchkopf nach vorgegebenen Radarsignalen und sobald sie eines entdeckt, zerstört sie das Ziel im Sturzflug. Wenn sie das Zielgebiet erreicht und die Radarsignale nicht findet, entfaltet sich ihr Fallschirm und sie sucht wei-

Der Antiradar-Lenkflugkörper Alarm an einer Gripen.

ter. Findet sie eines, so wird der Fallschirm abgeworfen und sie greift im Sturzflug an. Um ein Zielgebiet auszuschalten, wird eine Salve mit Bordrechnern abgefeuert, die einen sicheren Korridor schaffen und dafür sorgen, dass auf jedes Ziel nur eine Alarm angesetzt wird. Die Universalbetriebsart erhöht die Abschussentfernung noch. Von Tornado GR.1/4/GR.4 können neun Alarm mitgeführt werden, und auch die Typhoon wird Alarm einsetzen. Alarm wird von der RAF eingesetzt; der einzige Export geht nach Saudi-Arabien, so weit bekannt.

TYP: MARSCHFLUGKÖRPER APACHE/SCALP EG/STORM SHADOW

Hersteller:	MBDA (Matra BAe Dynamics)
Land:	Frankreich/Großbritannien/Italien
Spannweite:	3 m
Länge:	5,10 m
Gewicht:	1300 kg
Höchstgeschwindigkeit:	1000 km/h
Reichweite:	250 km

Der Storm Shadow/SCALP EG (Emploi Général = Mehrzweck) wurde aus der Streuwaffen-Abstandswaffe APACHE entwickelt. Dieses deutsch-französische Programm begann 1983; 1988 zog sich Deutschland daraus zurück, Frankreich hingegen

setzte es fort. Es entstanden mehrere Varianten des APACHE, aber als Matra sich mit British Aerospace zusammentat, wurde die Reichweite auf die eines Marschflugkörpers erhöht: 600 km.
Die Konstruktion hieß dann Système de Croisière conventional Autonome à Longue Portée de précision (SCALP) und arbeitete mit verschiedenen Systemen wie Trägheitsnavigation, digitalen Terrainprofilen und GPS. SCALP greift im Tiefflug an und hat einen passiven IR-Bildsuchkopf, der das Ziel in der Schlussphase erkennt und einen sehr präzisen Treffer ermöglicht. In Großbritannien wurde parallel dazu Storm Shadow entwickelt – es ist dieselbe

für seine Mirage 2000-5 bestellte. Die Serie ist jetzt angelaufen: SCALP EG wird von den Mirage 2000D, 2000-5 und Rafale der Streitkräfte Frankreichs eingesetzt werden, während Storm Shadow von den Tornado GR.4, Harrier GR.7 und Typhoon der RAF mitgeführt werden wird.

Unten: *Der Marschflugkörper SCALP EG/Storm Shadow.*

Oben: *Lenkflugkörper APACHE auf der Pariser Luftfahrtschau.*

Waffe wie SCALP EG, aber mit Komponenten und Vorbereitungssystemen, die eher auf britische als auf französische Bedürfnisse hinzielen. SCALP EG/Storm Shadow ist ein Marschflugkörper großer Reichweite für Angriffe auf wichtige, stark verteidigte und auch gepanzerte Ziele mit genau bekanntem Standort. 1999 entschied sich Italien zur Teilnahme an dem Projekt und wählte Storm Shadow für seine Tornado und Typhoon aus, während Griechenland SCALP EG

TYP: LENKFLUGKÖRPER ARMAT

Hersteller:	MBDA (Matra)
Land:	Frankreich
Durchmesser:	40 cm
Spannweite:	1,20 m
Länge:	4,15 m
Gewicht:	550 kg
Reichweite:	90 km

radar-Lenkflugkörper in Dienst gestellt. Die ARMAT arbeitet mit einem passiven Radarsensor. Verschiedene austauschbare Modelle stellen sich neuen Bedrohungen. Sie wird mitgeführt von Atlantic, Jaguar, Mirage F.1 und Mirage 2000. Die ARMAT wird derzeit von den Luftwaffen Frankreichs und einiger Staaten des Mittleren Ostens eingesetzt.

Die ARMAT wurde aus der AS 37 Martel entwickelt und verwendet dieselbe Zelle. Sie wurde Mitte der 80er Jahre von der französischen Luftwaffe als Anti-

Ein französisches Kampfflugzeug zeigt zwei ARMAT-Antiradar-Lenkflugkörper sowie zwei Luftkampf-Lenkflugkörper des Typs R.550 Magic 2.

Hersteller:	MBDA (Aérospatiale)
Land:	Frankreich
Durchmesser:	16,4 cm
Spannweite:	50 cm
Länge:	1,21 m
Gewicht:	29,9 kg
Höchstgeschwindigkeit:	580 km/h
Reichweite:	3 km

Der panzerbrechende Lenkflugkörper AS.11 wurde Anfang der 50er Jahre von Nord Aviation aus dem bodengestützten Panzerabwehr-Lenkflugkörper SS.11 entwickelt. In den langen Jahren seines Einsatzes wurde die AS.11 ständig verbessert. Bei den ersten Modellen musste ein Beobachter sie über einen dünnen Draht ins Ziel steuern. Bei späteren Modellen musste er lediglich das Ziel auswählen – dann flog sie selbständig zum ausgewählten Ziel. Die AS.11 kann – abhängig vom Ziel – mit verschiedenen Gefechtsköpfen versehen werden, so etwa mit Splitterwirkung, gegen leichte Panzerung, mit Hohlladung gegen Panzer und als Übungsflugkörper. Die AS.11 wurde von vielen Hubschraubern eingesetzt, darunter Alouette II, Alouette III, Gazelle, Scout, Wasp und Wessex. Neben seinem extensiven Einsatz

Zwei AS.11 an einer Scout der britischen Heeresflieger. Die Briten verwenden sie nicht mehr, anderswo können sie aber noch im Dienst stehen.

in den Streitkräften Frankreichs wurde er auch nach Belgien, Deutschland, Griechenland, Großbritannien, Holland, Italien und in die USA (als AGM-22A) exportiert. Die AS.11 ist heute veraltet, aber da sie bis 1980 hergestellt wurde und etwa 180.000 Stück gebaut wurden, ist sie wahrscheinlich vereinzelt noch im Dienst.

Hersteller:	MBDA (Aérospatiale)
Land:	Frankreich
Durchmesser:	21 cm
Spannweite:	65 cm
Länge:	1,87 m
Gewicht:	76 kg
Reichweite:	5 km

AS.12 an einer Wasp der britischen Marine. Beide werden von der RN nicht mehr eingesetzt.

Die Entwicklung der AS.12 begann Mitte der 50er Jahre durch Nord. Ursprünglich war sie ein Boden-Boden-Flugkörper, aber ihre Fähigkeiten wurden schnell erkannt: Die Weiterentwicklung der AS.11 wurde Anfang der 60er in Dienst gestellt. Mit einem stärkeren Gefechtskopf im bauchigen Bug übernahmen sie die französische wie die britische Marine als Seezielbekämpfungs-Flugkörper und setzten sie ein mit Alize, Atlantic, Alouette, Gazelle, Lynx, Neptune, Nimrod, Wasp und Wessex. Wie die AS.11 wurde die AS.12 von modernerer Technologie überholt, aber vermutlich ist sie bei manchen ihrer früheren Nutzer noch im Einsatz.

Hersteller:	MBDA (Aérospatiale)
Land:	Frankreich
Durchmesser:	34,2 cm
Spannweite:	1 m
Länge:	3,65 m
Gewicht:	520 kg
Reichweite:	12 km

Der Luft-Boden-Lenkflugkörper AS.30L ist eine Weiterentwicklung der AS.30, die Ende der 50er Jahre entstand. Die AS.30L ist gegenüber der AS.30 stark verbessert: Ihre Reichweite wurde von unter 3 km auf 12 km gesteigert und Laserlenkung ersetzte den Funk. Die Laserbeleuchtung kann über ein Flugzeug mit der Atlis-2-Gondel oder vom Boden aus erfolgen. Die AS.30L wurde Mitte der 80er Jahre von den französischen Streitkräften für ihre Jaguar und Marine-Super-Étendard eingeführt. Im ersten Golfkrieg sollen über 60 Flugkörper von den Franzosen abgefeuert sein.

Oben: *Ein inerter AS.30L-Lenkflugkörper hängt unter einer französischen Mirage 2000.*

Rechts: *Die Gondel des Laserzielbeleuchters Atlis 2 an einer Mirage 2000 – er beleuchtet Ziele für AS.30L und LGB.*

Hersteller:	MBDA (Aérospatiale Matra)
Land:	Frankreich
Durchmesser:	38 cm
Spannweite:	96 cm
Länge:	5,38 m
Gewicht:	860 kg
Reichweite:	250 km

Der ASMP ist die luftgestützte Nuklearwaffe Frankreichs.

Die ASMP (Air-Sol Moyenne Portée = Luft-Boden-Lenkflugkörper mittlerer Reichweite) ist nuklear bewaffnet und reicht etwa 250 km weit. Sie ist das Ergebnis eines Wettbewerbs zwischen einem Matra-Flugkörper mit TL-Triebwerk und einem von Aérospatiale mit Staustrahltriebwerk. 1978 wurde die Konstruktion von Aérospatiale ausgewählt und man ging daran, die nuklearen Bomben AN-22 zu ersetzen. Die überschallschnelle ASMP wurde 1986 an die französische Luftwaffe ausgeliefert, bewaffnete zunächst die Mirage IVP, später aber auch die Mirage 2000N und die Super Étendard der Marine. Die ASMP fliegt mit Trägheitsnavigation und Geländefolgeradar. Man beschäftigte sich mit einer Anzahl von Varianten, so auch mit einem anglo-französischen Modell größerer Reichweite – aus diesem Projekt zog sich Großbritannien aber zurück. Weitere Varianten umfassten eine mit konventionellem Gefechtskopf und eine weit reichende Luft-Luft-Version für die Bekämpfung von Frühwarnflugzeugen – aber sie wurden wohl nicht verwirklicht. 1999 begann ein Modernisierungsprogramm der ASMP: Es wird dafür sorgen, dass sie mit ihrem nuklearen 300-kT-Gefechtskopf für Mirage 2000N und Super Étendard noch länger zur Verfügung steht.

Hersteller:	SEI
Land:	Italien
Durchmesser:	27,3 cm
Spannweite:	39 cm
Länge:	2,17 m
Gewicht:	227 kg

Die italienische BA-Reihe strömungsgünstiger Mehrzweckbomben wird von SEI hergestellt und basiert auf der US-Mk.80. Sie wird für Hochgeschwindigkeits-Flugzeuge gebaut und hat einen aerodynamischen Bug geringen Luftwiderstands. Die Reihe umfasst drei Bomben: Die BA 102 wiegt 227 kg und entspricht der Mk.82, die 454 kg schwere BA 103 entspricht der Mk.83 und die 908-kg-Bombe BA 104 der Mk.84. Gewicht und Abmessungen entsprechen den US-Mk.80-Bomben. Zünder und Heckflossen können dem Einsatz angepasst werden; die Bomben können das Paveway-System verwenden. Die BA-Bomben sind für AMX, MB-339 und Tornado der italienischen Luftwaffe bestimmt.

Eine 227 kg schwere BA-102-Bombe der Italiener.

Hersteller:	TDA (Thomson Brandt)
Land:	Frankreich
Durchmesser:	10 cm
Spannweite:	11 cm
Länge:	1,78 m
Gewicht:	32,5 kg

Die BAP 100 (Bombe Accélérée Pénétration = beschleunigte Durchschlagsbombe) ist ein Startbahnbrecher, der Mitte der 70er Jahre von Thomson Brandt entwickelt wurde. Er stand im Wettbewerb mit der viel größeren Durandel. Neun oder 18 BAP 100 werden in einem Waffenträger mitgeführt und können – abhängig von den Flugzeugsystemen – manuell oder vollautomatisch ausgelöst werden. Eine halbe Sekunde nach dem Ausklinken entfaltet sich ein Fallschirm, der die Bombe abbremst und nach unten richtet. 3,75 Sekunden danach ist die Bombe abgebremst und zeigt etwa 40° zum Boden. Jetzt zündet ein Feststoffmotor und beschleunigt die Bombe auf rund 260 m/s. Der Waffenträger kann alle 18 BAP 100 in etwa einer Sekunde auslösen. Durch den Einsatz einer großen Zahl dieser Waffen in kürzester Zeit erhöht sich die Wahrscheinlichkeit, die Startbahn zu treffen und größtmöglichen Schaden anzurichten. Der Gefechtskopf trägt einen piezoelektrischen Sensor, der einen pyrotechnischen Verzögerungszünder auslöst. Dadurch explodiert die Waffe erst unter der Startbahn, deren Verwerfungen schwieriger zu reparieren sind. Die Zündung einer Anzahl von Gefechtsköpfen kann noch weiter verzögert werden, sodass Instandsetzungstrupps sich nicht nähern können. Wegen ihrer geringen Größe sind die BAP 100 nur schwer auszumachen. Die BAP 100 werden eingesetzt von A-4, Alpha Jet, F-5, Hawk, Jaguar, MB-326, MB-329, Mirage F.1, Mirage 2000, S.211 und Super Étendard. Sie stehen bei verschiedenen Luftwaffen im Dienst, so in Deutschland, Frankreich, Griechenland und Portugal.

Zwei Bombengeschirre mit je neun BAP-100-Bomben.

BODENZIELBEKÄMPFUNG

51

Hersteller:	TDA (Thomson Brandt)
Land:	Frankreich
Durchmesser:	12 cm
Spannweite:	12 cm
Länge:	1,5 m
Gewicht:	34 kg

Die BAT 120 durchschlägt leichte Panzerung und ist mit dem ähnlich aussehenden Startbahnbrecher BAP 100 verwandt. Die BAT 120 verwendet denselben 9/18-Bomben-Waffenträger wie die BAP 100. Das Auslösen geschieht genauso: Eine halbe Sekunde nach dem Ausklinken öffnet sich der Fallschirm – hier allerdings enden die Gemeinsamkeiten. Die Bombe verzögert sich weiter und 2,25 Sekunden nach dem Ausklinken wird sie scharf. Wenn sie den Boden erreicht, ist sie etwa 20 m/s schnell. Beim Berühren des Bodens bringt der Zünder sie zur Explosion. Es gibt zwei Varianten: Eine ist die BAT 120AMV (gegen Ausrüstung und Fahrzeuge), deren 2600 Splitter noch in 20 m Entfernung 4 mm Stahl durchschlagen, und die andere ist die BAT 120ABL (gegen leicht gepanzerte Fahrzeuge), deren 800 Splitter noch in 20 m Entfernung 7 mm Stahl durchschlagen. Die BAT 120 werden eingesetzt von A-4, Alpha Jet, F-5, Hawk, Jaguar, MB-326, MB-329, Mirage F.1, Mirage 2000, S.211 und Super Étendard. Sie stehen bei verschiedenen Luftwaffen im Dienst, so in Deutschland, Frankreich, Griechenland und Portugal.

Eine Étendard ist mit BAT-120-Durchschlagsbomben und Luftziel-Lenkflugkörpern des Typs R.550 Magic 2 unter der Tragfläche bewaffnet.

Hersteller:	Lacroix
Land:	Frankreich
Durchmesser:	9,85 cm
Spannweite:	11 cm
Länge:	90,2 cm
Gewicht:	16 kg

Die Lacroix Bavar sind eine Reihe von Modul-Übungsbomben, deren Bug, Heck und Ballastzentrum ausgetauscht werden können, um eine Vielzahl von Bomben darzustellen. Beim Aufprall kann ein Blitz oder Rauch ausgelöst werden, um das Auffinden zu erleichtern und die Genauigkeit des Abwurfs einzuschätzen, danach zerlegt sich die Bombe, um Abpraller zu vermeiden. Die Bavar-

Bavar-Übungsbomben: F3 mit stumpfem Bug und F4 mit spitzem Bug in einem LBF2-Waffenträger.

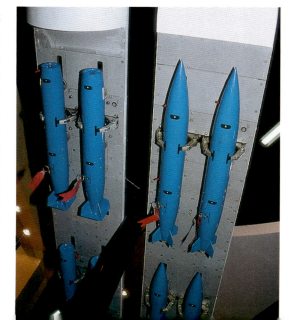

BODENZIELBEKÄMPFUNG

Bomben werden in einer Gondel mitgeführt, die von Mirage, Jaguar, Alpha Jet, Epsilon und Super Étendard getragen werden kann. Die F3 ist eine Übungsbombe hohen Luftwiderstands, die der Flugbahn der 250- und 400-kg-Bomben von SAMP und Matra folgt. Die F4 folgt der Flugbahn der 250- und 500-kg-Bomben der französischen Firmen SAMP und Matra sowie der US-Mk.82-Bombe. Die kürzere F7 simuliert BAP 100 und BAT 120 und die F9 die Durandal.

TYP: ÜBUNGSBOMBE BDU-33

Hersteller:	Verschiedene Firmen
Land:	USA
Durchmesser:	10,1 cm
Länge:	60,9 cm
Gewicht:	11 kg

Die Übungsbombe BDU-33 wird zu Ausbildungszwecken von Flugzeugen der USAF und der USN eingesetzt und repräsentiert Mk.80-Bomben mit niedrigem Luftwiderstand. Beim Aufprall entwickelt sie Rauch und markiert so ihre Lage. Die BDU-33 wird wohl auch von anderen Mk.80-Benutzern verwendet.

Eine Übungsbombe des Typs BDU-33.

TYP: DURCHSCHLAGSBOMBEN BETAB-150/-250/-500

Eine BetAB-250-Bombe, die von Sprengmeistern entschärft wurde.

Hersteller:	Unbekannt
Land:	Russland

Die Hartkernbombe BetAB durchschlägt Beton und wird in Russland in drei Größen produziert; die Zahl gibt das Gewicht der Bombe an: Die BetAB-150 wiegt 165 kg, die BetAB-250 250 kg und die BetAB-500 447 kg. Es gibt auch eine BetAB-500ShP, die vermutlich für Tiefflugeinsätze konzipiert ist, da ein Raketenmotor ihre Durchschlagskraft erhöht. Wahrscheinlich können die BetAB von den meisten russischen Angriffsflugzeugen wie MiG-27, MiG-29, Su-24, Su-25 und Su-27 eingesetzt werden. Als Betreiber einiger dieser Flugzeuge sind die BetAB vermutlich auch im Besitz Tschechiens, Polens und Ungarns.

TYP: BGL-BOMBE

Hersteller:	MBDA (Matra BAe Dynamics)
Land:	Frankreich
Durchmesser:	40,3 cm
Spannweite:	1,43 m
Länge:	3,54 m
Gewicht:	470 kg

Matra entwickelte die BGL (Bombe à Guidage Laser = lasergelenkte Bombe) Ende der 70er Jahre.

Sie ähnelt dem US-Paveway-System und erfordert einen Laser-Beleuchter – am Boden oder in der Luft –, der das Ziel markiert. Sie sieht Paveway III auch ähnlich. Ihr Suchkopf spürt das Ziel auf und steuert die Flugbahn der Bombe, um einen Volltreffer zu erzielen. Die 400-kg-BGL wurde als erste der Reihe entwickelt; es folgten dann zwei weitere Modelle von 250 und 1000 kg. Zudem wird eine spezielle Durchschlags-Variante namens Arcole gebaut. Als

Eine BGL 400 vor einer Mirage 2000D der französischen Luftwaffe auf dem italienischen Fliegerhorst Istrana während der Einsätze gegen serbische Ziele.

luftgestützter Beleuchter dient wahrscheinlich die Altis-Gondel, die entweder das Flugzeug mit der BGL trägt oder ein anderes. Das Flugzeug mit der BGL kann sich dem Ziel mit hoher Geschwindigkeit sehr tief oder in mittleren Höhen (bis 4570 m) nähern. Die BGL wird in einer Minimalentfernung von 5-10 km gestartet und trifft auf wenige Meter genau. Verschiedene Luftwaffen haben mehr als 1750 Mehrzweck- und Durchschlagsbomben bestellt. Die BGL wurden 1994 in Bosnien und 1999 auf dem Balkan erfolgreich von französischen Mirage 2000D eingesetzt.

Nach dem Abwurf von einer Mirage 2000 entfaltet sich das dunklere Klappleitwerk der BGL 400, das ihre Reichweite beträchtlich erhöht.

TYP: LENKFLUGKÖRPER BGM-71 TOW

Hersteller:	Raytheon (Hughes)
Land:	USA
Durchmesser:	15,2 cm
Spannweite:	45 cm
Länge:	1,17 m
Gewicht:	22,7 kg
Reichweite:	4 km

Die Entwicklung des Lenkflugkörpers BGM-71 TOW begann Mitte der 60er Jahre bei Hughes. 1970 war die TOW einsatzreif und wurde zuerst in Vietnam verwendet. Sobald das Ziel vom Hubschrauber-Bugzielgerät erfasst und verfolgt wird, kann die TOW abgefeuert werden. Das Lenksystem misst ständig ihre Ablage von der Visierlinie zum Ziel und übermittelt ihr per Draht korrigierende Lenkkommandos. Das erste, sehr erfolgreiche TOW-Modell war die BGM-71A; ihr folgte die BGM-71B mit gesteigerter Reichweite. BGM-71C Improved TOW (ITOW) hatte einen 381 mm langen Hohlladungsstachel und konnte stärkere Panzerungen durchschlagen. Die BGM-71D folgte dieser Linie mit – unter anderem – noch stärkerer Hohlladung und größerem Gefechtskopf. Weitere Verbesserungen führten zur BGM-71E TOW 2A, die die schwächere Oberseite von Panzern angriff. Die BGM-71F TOW 2B hat einen flachen Bug. Das neueste Modell ist die TOW F&F mit neuartigem IR-Suchkopf. Sie erfasst ihr Ziel per IR und lenkt sich selbst ins Ziel. Aufgrund dieser Neuerung wird kein Lenkdraht mehr gebraucht, obwohl eine drahtlose Steuerung noch möglich ist. Die drahtlose TOW hat auch eine größere Reichweite. Die TOW ist die Standard-Panzerabwehrwaffe der AH-1 von US-Heer und US-Marinekorps. Das britische Heer bewaffnet damit seine Lynx; sie kann aber auch von weiteren Hubschraubern eingesetzt werden, so etwa von Bo 105, Agusta A109 und A129 sowie von der Hughes-500-Familie. TOW wird welt-

Ein Vierfach-Startgerät für BGM-71 TOW und eine M260-Startgondel für Hydra-70-Raketen.

weit eingesetzt, so auch von Deutschland, Belgien, Dänemark, Großbritannien und Italien.

TYP: SPLITTERBOMBE BL 61

Hersteller:	SAMP
Land:	Frankreich
Durchmesser:	21,9 cm
Spannweite:	27 cm
Länge:	1,33 m
Gewicht:	125 kg

Die Splitterbombe BL 61 wird von SAMP gebaut. SAMP benutzt eine Schmiedetechnik, die ein Muster bildet und so die Splitterwirkung erzielt. Wie andere Bomben der BL-Reihe verwendet die BL 61 Standard-NATO-Bombenschlösser und kann von den meisten Kampfflugzeugen eingesetzt werden. Sie ist bei der französischen Luftwaffe im Dienst.

125-kg-BL-61-Bomben an einem Dreifach-Waffenträger.

TYP: SPLITTERBOMBE BL 70

Hersteller:	SAMP
Land:	Frankreich
Durchmesser:	32,4 cm
Spannweite:	45 cm
Länge:	2,23 m
Gewicht:	400 kg

Die 400-kg-BL-70 mit MFBF-Bug sowie andere aus der Reihe der SAMP-Bomben. Die Daten beziehen sich auf die BL-70-MFBF.

Die französischen BL-Bomben von SAMP umfassen eine Reihe von Typen verschiedener Größe, die verschiedene Rollen übernehmen können. Die BL 70 ist eine 400-kg-Splitterbombe, die so ausgelegt ist, dass sie bei der Detonation eine maximale Wirkung erzielt. Die 120-kg-BL-25A und die 125-kg-BL-61 eignen sich für den Einsatz gegen weiche Ziele.

Hersteller:	SAMP
Land:	Frankreich
Durchmesser:	27,3 cm
Spannweite:	38 cm
Länge:	2,31 m
Gewicht:	230 kg

Die BL EU sind eine Reihe von drei 250-kg-Bomben, die ähnlich aussehen, aber verschiedene Rollen erfüllen. Obwohl von großer Ähnlichkeit, ist die EU2 eine Mehrzweckbombe, die EU2FR eine Splitterbombe und die EU2P eine Durchschlagsbombe mit spitzem Bug. Deren Zünder wirkt erst nach dem Aufprall, womit sie vor der Detonation 1,1 m starken Beton durchschlagen kann. Die 250-kg-Mehrzweckbombe BL EU2 mit geringem Luftwiderstand ist die französische Ausführung der US-Mk.82; sie wird durch den Einsatz mit der Paveway II zur lasergelenkten Präzisionswaffe.

Oben: *BL EU2 mit MFBF-Bug und Entsicherungspropeller am Heck. Dahinter eine weitere EU2 mit Ballute-Verzögerungsheck und freigelegtem Kopfzünder. Wiederum dahinter die Durchschlagsvariante EU2P. Die Daten beziehen sich auf die EU2-MFBF.*

Unten: *Die 250-kg-EU2 mit Paveway II.*

Hersteller:	Hunting Engineering
Land:	Großbritannien
Durchmesser:	44,7 cm
Spannweite:	71 cm
Länge:	2,45 m
Gewicht:	277 kg

Der Streuwaffenbehälter BL755 wurde Ende der 60er Jahre entwickelt, nachdem die RAF ihn für den Einsatz gegen weiche und harte Ziele gefordert hatte. Der BL755 enthält 147 Kleinbomben (Bomblets) und benutzt eine Gas erzeugende Kartusche zum Abwerfen der Außenhülle und Ausstoßen der Kleinbomben. Dabei werden zwei Kleinbombentypen eingesetzt. BL755 Nr. 1 enthält Mehrzweckmunition mit Splitterwirkung, die hauptsächlich gegen weiche Ziele wie Flugzeuge, Raketenstellungen und

ungepanzerte Ziele eingesetzt wird. BL755 Nr. 2 bekämpft gepanzerte Fahrzeuge. Seine Kleinbomben haben Fallschirme, die ihnen steilere Auftreffwinkel

Ein BL755 an einer Harrier GR.7.

Ein RBL755 an einer RAF-Harrier GR.7 während des Serbien-Krieges. Man erkennt ihn an der Ausformung des Hecks.

Kleinbomben von BL755 Nr. 1 und BL755 Nr. 2.

verleihen; ihre Hohlladung zündet beim Aufprall und brennt sich durch die Panzerung. Die BL755 werden im Tiefflug eingesetzt und ihre Bomblets verstreuen sich über ein 60 x 150 m großes Gebiet. Weiterentwicklungen führten zum RBL755 und zum BL755PS. Der RBL755 ist dem BL755 ähnlich, ist aber für den Einsatz in mittleren Höhen gedacht und hat einen Sensor, der den Ausstoß der Kleinbomben in optimaler Höhe über dem Ziel sicherstellt. Der BL755PS hat ein Dopplerradar und kann in allen Höhen eingesetzt werden. Das Dopplerradar sichert den Ausstoß in optimaler Höhe über dem Ziel. Mit einem Bausatz können auch ältere Modelle auf den Bodensensor umgerüstet werden. Der BL755 ist eine Freifallwaffe und kann somit von allen Flugzeugen mit Standardbombenschlössern der NATO eingesetzt werden. Die RAF verwendet ihn mit Harrier GR.7/T.4 und T.10, Hawk T.1, Jaguar GR.1 und T.2/4, Tornado GR.1/4 – die RN mit Sea Harrier FA.2. BL755 wird von acht weiteren NATO-Ländern eingesetzt sowie von etlichen Nicht-NATO-Staaten.

TYP: STREUWAFFENBEHÄLTER BLG 66 BELOUGA

Hersteller:	SAMP
Land:	Frankreich
Durchmesser:	36,6 cm
Länge:	3,3 m
Gewicht:	305 kg

Der Belouga wurde Mitte der 70er Jahre von Thomson Brandt und Matra entwickelt. Er sieht aus wie eine Bombe mit geringem Luftwiderstand, trägt aber Öffnungen für die Kleinbomben. Er enthält 151 Bombenkörper, von denen es drei Typen gibt: Splitterbomben für den Einsatz gegen weiche Ziele, panzerbrechende Bomblets gegen Panzer und gepanzerte Fahrzeuge und eine Abriegelungsversion gegen Betonstrukturen wie Straßen, Brücken und Startbahnen. Der Pilot kann noch im Flug die Größe des zu bekämpfenden Gebiets wählen: ein großes Gebiet (240 m) oder ein kleineres (120 m) – in beiden Fällen mit 40 m Breite. Der Streuwaffenbehälter Belouga wurde Ende der 70er Jahre von der französischen Luftwaffe für ihre Mirage und Jaguar in Dienst gestellt und wurde von etlichen weiteren Ländern beschafft, so auch von Griechenland und der Türkei.

Der Streuwaffenbehälter Belouga ist an seinem gefleckten Aussehen erkennbar: Es sind die Ausstoßöffnungen für seine 151 Kleinbomben. Unter den anderen Waffen vor der AMX ist auch der Waffenträger für 18 BAP 100.

Hersteller:	Lockheed Martin
Land:	USA
Durchmesser:	37 cm
Länge:	2,4 m
Gewicht:	874 kg

Die BLU-109 wurde von Lockheed Martin für die Zerstörung wichtiger befestigter Ziele entwickelt – wie Befehlsbunker, Waffenlager, Transportanlagen und Führungseinrichtungen. Ihr Bombenkörper aus mit neuester Technologie gehärtetem Stahl dringt intakt in das Innere des Ziels ein, wo der Gefechtskopf explodiert und das Ziel zerstört. BLU-109 kann als ungelenkte Waffe oder – viel wahrscheinlicher – als gelenkte Waffe eingesetzt werden und ist deshalb für eine Vielzahl einsatzerprobter Präzisions-Lenksysteme vorgesehen, einschließlich Paveway, GBU-15 und AGM-130. BLU-109 wird derzeit für eine Reihe von Flugzeugen der USAF hergestellt, so für A-10, B-1, B-2 und F-15. Sie wird auch in Lizenz für den Einsatz in anderen Luftwaffen gebaut.

Die BLU-109 zeigt den Kopf-Anpassungsring zur Aufnahme des Paveway-Rüstsatzes.

Hersteller:	Expal
Land:	Spanien
Durchmesser:	35 cm
Spannweite:	58 cm
Länge:	2,25 m
Gewicht:	317 kg

den verzögert werden. Der BME 330 steht bei der Luftwaffe und bei der Marine Spaniens im Dienst und kann von EAV-8B, EF-18, F-5 und Mirage F.1 eingesetzt werden.

Ein aufgeschnittener BME-330-Streuwaffenbehälter mit Kleinbomben.

Expal begann Anfang der 90er Jahre mit der Entwicklung der BME-330-Reihe. Sie umfasst drei Waffen, die für spezielle Einsätze optimiert wurden. Der BME 330 AR (Anti-Runway) enthält 28 Startbahnbrecher. Sie werden vom Behälter ausgestreut und zünden ihren ersten Füllsatz beim Aufprall, was einen kleinen Krater erzeugt. Das ermöglicht es dem zweiten Füllsatz, in das geschwächte Ziel einzudringen: in Beton bis zu 60 cm tief. Hängt der zweite Füllsatz an einem Zeitzünder, können Instandsetzungstrupps die Startbahn nicht reparieren. Das zweite Modell ist der BME 330 AT (Anti-Tank), der 516 panzerbrechende Bomblets enthält. Auch dies ist eine Zweistufenmunition, von der gesagt wird, sie könne bis zu 10 cm dicke Stahlplatten durchschlagen. Das dritte Modell ist der BME 330 C; er enthält 180 Mehrzweck-Bomblets gegen Personal und Panzerung sowie zur Sperrung von Gelände. Während die Bomblets gegen Bodentruppen und Panzerung beim Aufprall sofort detonieren, kann die Explosion der Sperrmunition um bis zu 24 Stun-

Hersteller:	Expal
Land:	Spanien
Durchmesser:	29 cm
Spannweite:	44 cm
Länge:	2,15 m
Gewicht:	250 kg

Die BR-Bombenreihe mit niedrigem Luftwiderstand folgt dem Muster der US-Mk.80-Reihe. Die BR-Bomben sind grundsätzlich Splitterbomben, obwohl es auch eine Nebelversion gibt. Dazu werden weitere Varianten gebaut, so die Durchschlagbombe BRFA330 mit gehärtetem Stahlbug, Raketenmotor und Bremsfallschirm. Gebaut wird auch die BRP, die einen Bremsfallschirm hat und in verschiedenen Größen hergestellt wird. Eine verbesserte Variante ist die BRP.S, die bei hoher Geschwindigkeit und noch aus nur 18 m Höhe abgeworfen werden kann. Die Zahl hinter den Buchstaben kennzeichnet jeweils das Gewicht der

Spanische BR250-Bomben, hier vor einer Harrier GR.7, werden von der spanischen Marine durch deren AV-8B Harrier eingesetzt.

Bombe. Die BR-Bomben werden von Marine und Luftwaffe Spaniens mit AV-8B, F-5, EF-18 und Mirage F.1 eingesetzt.

Hersteller:	MBDA (Alenia Marconi Systems)
Land:	Großbritannien
Durchmesser:	17,8 cm
Länge:	1,81 m
Gewicht:	48,5 kg
Höchstgeschwindigkeit:	Überschall
Reichweite:	8+ km

Der panzerbrechende Flugkörper Brimstone ist eine britische Weiterentwicklung des Lenkflugkörpers Hellfire, die Mitte der 80er Jahre von GEC Marconi begonnen wurde. Er verwendet denselben Körper wie der AGM-114K, hat aber einen neuen aktiven Radarsuchkopf und wurde verstärkt, damit er auch von schnellen Flugzeugen mitgeführt werden kann. Der neue Sucher und seine digitale Verarbeitung können APC, SAM, Panzer, kleine Schiffe, abgestellte Hubschrauber und Flugzeuge entdecken und identifizieren, und Brimstone lässt sich so programmieren, dass er sich ein bestimmtes Ziel unter mehreren aussucht. Selbst wenn er als Salve abgefeuert wird, kann er verschiedene Ziele angreifen. Er hat einen HEAT-Gefechtskopf, der aber ausgetauscht werden kann, etwa gegen einen Splitter-Gefechtskopf. Ein speziell entwickelter Dreifach-Waffenträger ermöglicht den Einsatz durch schnelle Starrflügler; er wiegt 85 kg. Nach den Einsätzen gegen das ehemalige Jugoslawien stieg das Interesse an einer lasergelenkten Version, die allerdings ein Aufschalten auf das Ziel vor dem Abschuss erfordert – die jetzige Auslegung ermöglicht den Abschuss auch in der Such-Betriebsart. 1996 wurde Brimstone von der RAF für ihre Tornado und Harrier ausgewählt, die jeweils zwölf Flugkörper mitführen können. Sobald er eingeführt ist, kann der Eurofighter 18 Flugkörper tragen und auch die Apache des britischen Heeres können ihn einsetzen. Er lässt sich auch F-16, F/A-18, Gripen, F-5 und L-159 sowie Kampfhubschraubern anpassen.

Panzerbrechende Brimstone-Lenkflugkörper hängen an Dreifach-Waffenträgern unter einer Harrier GR.7.

BODENZIELBEKÄMPFUNG

STREUWAFFENBEHÄLTER CBU-52B

Hersteller:	Verschiedene
Land:	USA
Durchmesser:	43 cm
Spannweite:	58 cm
Länge:	2,33 m
Gewicht:	370 kg

Der CBU-52 ist ein Beispiel für den Tragflächen-Lastträger SUU-30. Er ist mit 254 runden BLU-61/B-Splitter- oder Brand-Kleinbomben gefüllt, von denen jede etwa 1 kg wiegt. Während des ersten Golfkriegs wurde eine große Zahl CBU-52B von US-Flugzeugen abgeworfen. Der SUU-30 wird von der USAF eingesetzt und kann von den meisten Kampfflugzeugen der NATO abgeworfen werden, daher kann er durchaus auch im Bestand anderer Luftwaffen sein.

Streuwaffenbehälter CBU-52B unter der Tragfläche einer A-10 Thunderbolt II „Warthog".

STREUWAFFENBEHÄLTER CBU-87 CEM

Hersteller:	Alliant/Olin
Land:	USA
Durchmesser:	39,6 cm
Spannweite:	1,07 m
Länge:	2,34 m
Gewicht:	431 kg

dem CBU-87 oder dem CBU-97 (s. rechts) ähnlich. Die Kleinbomben sind BLU-114, die offensichtlich Drähte enthalten. Diese werden in der Luft von einer Explosivladung ausgestoßen und verursachen Kurzschlüsse, die zu Überhitzung führen und die Stromversorgung lahm legen.

Der CBU-87 CEM (= Combined Effects Munition) mit Munition kombinierter Wirkung ist ein Mehrzweck-Streuwaffenbehälter, dessen Fertigung 1984 aufgenommen wurde. Der CBU-87 basiert auf dem taktischen Abwurfbehälter TMD. Das ist ein Freifallbehälter, der von jedem strategischen oder taktischen Flugzeug der USAF aus Höhen von 60-12.000 m bei Geschwindigkeiten von 320-1120 km/h abgeworfen werden kann und mit verschiedenen Kleinbombentypen gefüllt ist. Er hat einen Annäherungszünder und kann Größe und Form des Bodenziels angepasst werden. Der CBU-87/B enthält 202 Kleinbomben kombinierter Wirkung, bezeichnet als BLU-97, mit den Füllsätzen panzerbrechende Haftladung, Splitterwirkung gegen Menschen und Fahrzeuge sowie Brand. Das Zielgebiet kann bis zu 200 x 400 m groß sein. Der CBU-87/B kann von A-10, F-15, F-16 und B-52 der USAF mitgeführt werden; 10.035 wurden während des ersten Golfkriegs eingesetzt. Die Existenz des CBU-94 kam während der Kosovo-Einsätze ans Tageslicht, als er die serbische Stromversorgung zerstörte. Der Behälter ist wahrscheinlich

Zwei CBU-87 mit Munition kombinierter Wirkung an einer F-15E Strike Eagle der USAF zusammen mit dem Luft-Luft-Lenkflugkörper AIM-120 AMRAAM. Gerade noch zu sehen ist der nach unten geneigte Suchkopf einer Paveway II.

Hersteller:	Textron
Land:	USA
Durchmesser:	40,6 cm
Länge:	2,34 m
Gewicht:	421 kg

Das Sensorzünder-Waffensystem (SFW = Sensor Fused Weapon System) von Textron ist ein Streuwaffenbehälter, der als CBU-97 von den US-Streitkräften eingesetzt wird. Er ist die erste intelligente Waffe der USAF und besteht aus dem Munitions-Abwurfbehälter SUU-64 mit zehn BLU-108-Kleinbomben. Jede dieser Kleinbomben trägt vier intelligente Skeet-Gefechtsköpfe, die jeweils mit einem passiven IR- und einem aktiven Laser-Sensor bestückt sind. Jeder der Skeet-Gefechtsköpfe kann ein Kampffahrzeug zerstören. Der CBU-97 kann modifiziert werden, indem das Heck abgenommen und durch einen Winddrift-Ausgleichsbehälter (WCMD) von Lockheed Martin ersetzt wird; er heißt

Eine Sensorzünder-CBU-97/B zeigt ihre BLU-108-Bombenkörper.

Die BLU-108 mit ihren vier intelligenten Skeet-Gefechtsköpfen.

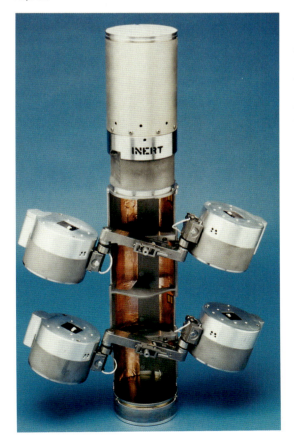

dann CBU-105. Diese Variante kann aus Höhen von bis zu 12.000 m eingesetzt werden und hat dann eine Reichweite von bis zu 16 km. Während CBU-97 nur das entsprechende Bombenschloss braucht, benötigt der CBU-105 vor dem Abwurf einige Informationen. Nach dem Abwurf werden die zehn BLU-108 in einer vorbestimmten Höhe unabhängig vom Wetter ausgestoßen. Jede BLU-108 dreht sich dann an einem kleinen Fallschirm und benutzt ihre vier Skeet-Sensoren, um ein Ziel zu suchen, zu verfolgen und anzugreifen, das bestimmte Kriterien erfüllt. Sobald ein Ziel entdeckt ist, feuert Skeet ein Hochenergie-Durchschlagsgeschoss (EFP), das Panzerung durchdringen kann. Gleichzeitig wird ein Splitterring gesprengt, der für weiche Ziele in der Nähe tödlich ist. Insgesamt können CBU-97 oder CBU-105 etwa 121.000 m² abdecken. Bei der Konstruktion von CBU-97 oder CBU-105 hat man auch die Nachkriegszeit berücksichtigt: Jeder Skeet-Gefechtskopf zerstört sich selbst, wenn er kein Ziel findet. Sollte die Selbstzerstörung nicht funktionieren, wird der Gefechtskopf nach einer bestimmten Zeit automatisch deaktiviert. Der CBU-97 kann von den meisten Kampfflugzeugen der USAF eingesetzt werden, so von A-10, B-1, B-2, B-52, F-15E, F-16 und von den meisten Flugzeugen, die 500-kg-Bomben tragen können. CBU-97 kann aus Höhen von 60-6000 m bei Geschwindigkeiten von bis zu 1040 km/h eingesetzt werden. Die Produktion des SFW ist derzeit voll im Gang; sie begann 1994 und über die Hälfte der angestrebten 5000 Stück sind der USAF bereits ausgeliefert worden.

BODENZIELBEKÄMPFUNG

61

TYP: DURANDAL-BOMBE (BLU-107/B)

Hersteller:	MBDA (Matra)
Land:	Frankreich/Großbritannien
Durchmesser:	22,3 cm
Spannweite:	43 cm
Länge:	2,70 m
Gewicht:	195 kg

Die Durandal wurde Anfang der 70er Jahre auf Anforderung der französischen Luftwaffe als Startbahnbrecher von Matra entwickelt. Wenn die Durandal vom Flugzeug ausgeklinkt wird, entfaltet sich ein kleiner Fallschirm. Kurz darauf öffnet eine Schaltuhr den Hauptschirm, der die Geschwindigkeit drastisch verringert. Wenn die Bombe einen Winkel von 30° erreicht hat, wird der Fallschirm abgeworfen und eine Raketen-Feststoffmotor beschleunigt die Bombe schnell auf etwa 250 m/s. Sie durchschlägt dann bis zu 40 cm Beton und unter dem Beton lässt eine Schaltuhr den Gefechtskopf detonieren, der starke Verwerfungen auf der Rollbahn auslöst. Die Detonationszeit kann auch auf einige Stunden später eingestellt werden, sodass Startbahn-Instandsetzungstrupps nicht tätig werden können. Die Durandal ist

Die Durandal steht bei der USAF als BLU-107/B im Dienst.

mit Standard-NATO-Bombenschlössern versehen und kann daher von den meisten Kampfflugzeugen eingesetzt werden. Außer der französischen Luftwaffe verwendet sie – als BLU-107/B – auch die USAF; zudem setzen noch weitere Länder sie ein.

TYP: FAB-250M-54-, FAB-500M-54-, FAB-1500M-54-BOMBEN

Hersteller:	Bazalt
Land:	Russland
Durchmesser:	32 cm
Spannweite:	32 cm
Länge:	1,48 m
Gewicht:	234 kg

Die FAB-Bombenreihe umfasst Hochbrisanzbomben, die auf die Zeit vor dem 2. Weltkrieg zurückgehen. Entsprechend ihrer Bezeichnung ist die FAB-250M-54 eine 250-kg-Bombe, die 1954 in Dienst gestellt wurde. Weitere Bomben dieser Reihe sind die 500-kg-Bombe FAB-500M-54 und die 1500-kg-Bombe FAB-1500M-54. Diese Bomben haben Standard-

schlösser und können von den meisten Kampfflugzeugen mitgeführt werden einschließlich MiG-21, MiG-27, MiG-29, Su-24, Su-25, Su-27 und Su-30. Die FAB-1500M-54 wird wahrscheinlich nur von größeren Bombern wie Tu-22, Tu-95 und Tu-160 eingesetzt. Alle drei Bombentypen werden von den russischen Streitkräften verwendet, weitere Betreiber der Flugzeugtypen benutzen vermutlich nur die beiden kleineren Bomben. In der NATO setzen ihn die polnische, die tschechische und die ungarische Luftwaffe ein.

Sechs Bomben des Typs FAB-250M-54 unter dem Rumpf einer Su-30.

BODENZIELBEKÄMPFUNG

Hersteller:	Olin
Land:	USA
Durchmesser:	40,6 cm
Spannweite:	1,07 m
Länge:	2,34 m
Gewicht:	322 kg

Das Minensystem Gator wurde Mitte der 80er Jahre von Aerojet zusammen mit der panzerbrechenden BLU 91 und der BLU-92 gegen lebende Ziele für den Einsatz mit SUU-Containern entwickelt. Das Gatorsystem ist in verschiedenen Ausführungen in unterschiedlichen Behältern untergebracht. USN und USAF haben eigene Versionen ähnlicher Waffen mit eigenen Bezeichnungen: CBU-78, CBU-83, CBU-84, CBU-85, CBU-86 und CBU-89. CBU-89 der USAF und CBU-78 der USN sind in hoher Stückzahl gebaut worden und werden mit SUU-64- und Mk.7-Rockeye-Behältern eingesetzt. Es sind ungelenkte Minen, die sich weit verstreuen und im Tiefflug relativ genau abgeworfen werden können, aus größeren Höhen werden sie ungenauer. Dafür hat Lockheed Martin den Winddrift-Ausgleichsbehälter (s. dort) entwickelt. Das Minensystem Gator kann von den meisten US-Angriffsflugzeugen mitgeführt werden und wird von USAF, USN und USMC eingesetzt.

Ein Gator-Minenabwurfbehälter mit SUU-64-Behälter macht ihn zum CBU-89.

Hersteller:	Swesda-Strela
Land:	Russland
Durchmesser:	27,5 cm
Spannweite:	78 cm
Länge:	4,30 m
Gewicht:	320 kg
Reichweite:	40 km

Der Kh-25M ist eine Luft-Boden-Lenkflugkörper kurzer Reichweite, dessen Entwicklung in den 60er Jahren begann. Er wird hergestellt mit Laser- (Kh-25ML), TV- (Kh-25MT), IR- (Kh-25MTP) und aktivem Radar-Lenksystem und kann einzeln oder in Salven abgefeuert werden. Er kann von den meisten heutigen russischen Kampfflugzeugen, aber auch von modernen Schulflugzeugen wie einsitzigen Kampfhubschraubern eingesetzt werden. Die neueste Variante ist der Kh-25MPU (s. Bild), der als Antiradar-Flugkörper kurzer bis mittlerer Reichweite für die SEAD-Rolle konstruiert wurde und von Su-25, Su-27 und Ka-52 mitgeführt werden kann. Er ist eine Weiterentwicklung des Kh-25MP und benutzt dessen Motor und Gefechtskopf, hat aber einen passiven Breitbandsucher zum Aufspüren gegnerischer Radarstrahlen. Nach Aufspüren wird die Information an den Autopilot des Flugkörpers

Ein Kh-25MPU-Lenkflugkörper auf der Pariser Luftfahrtschau.

Diese lasergelenkte Variante der AS-10 „Karen" wird von den Russen als Kh-25ML bezeichnet.

geleitet, der ihn auf Kurs hält, selbst wenn das Radar abgeschaltet wurde. Diese Variante heißt in der NATO AS-12 „Kegler". Alle anderen Varianten des Kh-25 tragen die NATO-Bezeichnung AS-10 „Karen". Der Kh-25 kann von den meisten heutigen russischen Kampfflugzeugen mitgeführt werden und ist in vielen Luftwaffen des ehemaligen Warschauer Paktes im Einsatz, so auch in Polen, Tschechien und Ungarn.

TYP: BLU-82 DAISY CUTTER/COMMANDO VAULT

Land:	USA
Durchmesser:	1,37 m
Länge:	4,84 m
Gewicht:	6810 kg

Die BLU-82 wurde erstmalig als Commando Vault in Vietnam eingesetzt, wo sie sich darin bewährte, kurzfristig Landeplätze für Hubschrauber im Dschungel freizusprengen. Sie löste die 4540 kg schwere M121-Bombe aus dem 2. Weltkrieg ab. Insgesamt wurden 225 für die USAF hergestellt. Die 6810 kg schwere Riesenbombe enthält 5720 kg Sprengstoff und wird von Hercules-Transportern abgeworfen – wegen ihres Gewichts und ihrer Form passt sie in keinen Bombenschacht eines Bombers. Der Bombenkörper ist zylindrisch, der Bombenkopf kegelförmig mit einer 1,24 m langen Sonde, die den Zünder enthält. Aus der Hercules wird sie mit einer Lastenausziehpalette abgeworfen. Nach dem Abwurf trennt sich die Palette ab und es öffnet sich ein Fallschirm. Dann schwebt die Bombe nach unten und wenn die Sonde den Boden berührt, detoniert der Zünder. Ihr Sprengsatz wirkt vor allem waagerecht und nur minimal senkrecht: So sprengt sie im Dschungel eine Lichtung frei – über 100 m groß, aber ohne Krater. Im ersten Golfkrieg wurden insgesamt elf BLU-82 abgeworfen, hauptsächlich auf irakische Minenfelder. Im Afghanistan-Feldzug 2001 wurden sie als Daisy Cutter auf Taliban- und El-Keida-Stellungen abgeworfen, u.a. um deren Höhlensysteme zu zerstören. Die BLU-82 wird derzeit nur von MC-130H Combat Talon eingesetzt, einer Variante der Hercules, die vom Sondereinsatzkommando der USAF verwendet wird.

Die BLU-82 ist auf einer Lastenausziehpalette festgemacht. Der zylindrische Bombenkörper und der kegelförmige Bombenkopf sind klar erkennbar, nur die Sonde mit dem Zünder ist noch nicht angebracht.

Das Heck der BLU-82 mit dem Fallschirm, der die fast sieben Tonnen schwere Riesenbombe abbremst, sodass sie die korrekte Haltung mit der Nase senkrecht nach unten einnimmt.

Hersteller: Raytheon (Texas)
Land: USA

Das Paveway-I-System lasergelenkter Bomben (LGB) wurde Mitte der 60er Jahre von Texas Instruments zusammen mit dem Armament Development and Test Center auf dem Fliegerhorst Eglin entwickelt. Paveway umfasst einen Rüstsatz aus Bug und Heck, der an Standardbomben angebracht wird und keine besondere Verbindung zum Trägerflugzeug erfordert. Der am Bug angebrachte Suchkopf erfasst vom Ziel reflektierte, kodierte Laserstrahlen und lenkt die Bombe ins beleuchtete Ziel. Die Quelle dieser Laserbeleuchtung kann das Trägerflugzeug oder ein anderes Flugzeug sein oder auch ein Beleuchter am Boden. Die erste LGB wurde im April 1965 abgeworfen und Anfang der 70er Jahre umfasste die Reihe bereits Sucher für eine Anzahl von Bomben. Die Paveway-Produktion begann 1968 mit einem Sucher für die 340-kg-Bombe M117, die dann in Vietnam erprobt wurde. Wie erwartet war ihre Treffgenauigkeit weitaus größer als die einer Standardbombe. Die Entwicklung der Paveway I begann Mitte der 70er Jahre. Sie umfasste eine Anzahl von Rüstsätzen wie KMU-342 für die Mk.117-Bombe, KMU-370 für die 1360-kg-Mk.118, KMU-388 für die 227-kg-Mk.82, KMU-421 für die 454-kg-Mk.83 und KMU-351 für die 906-kg-Bombe Mk.84. KMU-351 hieß später GBU-10A und KMU-388 wurde zu GBU-12A. Die Fertigung lief bis 1979, als ausreichende Mengen

Einige Angehörige der Paveway-II-Familie.

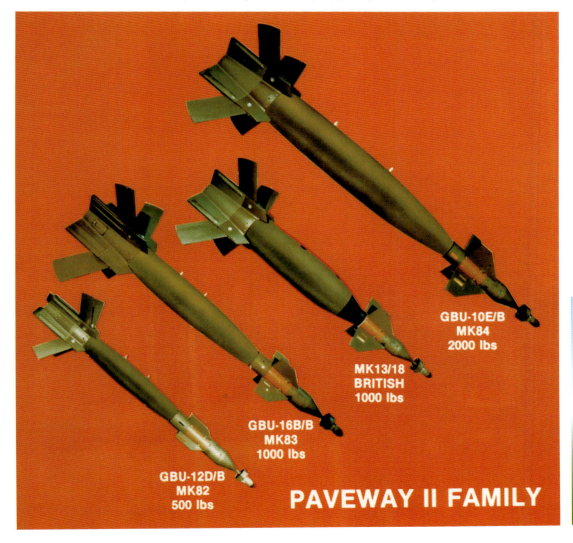

GBU-10E/B
MK84
2000 lbs

MK13/18
BRITISH
1000 lbs

GBU-16B/B
MK83
1000 lbs

GBU-12D/B
MK82
500 lbs

PAVEWAY II FAMILY

an USAF und USN geliefert worden waren. Auch andere Staaten bestellten Paveway, so Griechenland und die Türkei. Paveway II wurde entwickelt, um einige Schwächen des Vorgängersystems zu beheben. So erhöhten ausklappbare kleine Tragflächen die Reichweite, zudem wurde die Empfindlichkeit des Suchkopfs gesteigert. Paveway II umfasst GBU-10E für die Mk.84-Bombe, GBU-12D für die Mk.82 und GBU-16B für die Mk.83-Bombe. Paveway III wurde Anfang der 80er Jahre entwickelt, um die Hauptschwäche zu beseitigen: die geringe Reichweite beim Abwurf im Tiefflug. Die Tragflächen wurden vergrößert und eine verbesserte Lenkung erhöhte die Flexibilität des Trägerflugzeugs. Paveway III umfasst GBU-22 für die Mk.82-Bombe, GBU-24 für die Mk.84- und BLU-109-Bomben, GBU-27 für die BLU-113 und GBU-28 mit speziellem Gefechtskopf. Die Verbesserungen für Paveway III waren recht teuer und so entschied sich die USN für die Skipper – eine Paveway II mit Raketenmotor. Auch Großbritannien baute ein eigenes Paveway-System, Paveway II (UK) und III (UK) genannt. Beide werden später beschrieben. Die drei Paveway-Systeme wurden von den US-Streitkräften in beträchtlicher Anzahl erworben. Die Exporte erreichten weltweit viele Länder. Paveway bleibt in den meisten – wenn nicht allen – NATO-Staaten im Dienst.

Lenkbombe GBU-10 Paveway II

Hersteller:	Raytheon (Texas)
Land:	USA
Durchmesser:	46 cm
Spannweite:	1,68 m
Länge:	4,37 m
Gewicht:	1163 kg

Zwei 908 kg schwere GBU-10 mit einer AIM-9 Sidewinder unter der Tragfläche einer F-111F. Auch als die RAF in Lakenheath ihre F-111 durch F-15E ersetzte, flog sie weiterhin ihre GBU-10.

Eine GBU-10 mit der 908-kg-Bombe Mk.84

Lenkbombe GBU-12 Paveway II

Hersteller:	Raytheon (Texas)
Land:	USA
Durchmesser:	27,3 cm
Spannweite:	1,34 m
Länge:	3,33 m
Gewicht:	227 kg

Eine GBU-12 mit der 227-kg-Bombe Mk.82

Lenkbombe GBU-22/B Paveway III

Hersteller:	Raytheon (Texas)
Land:	USA
Durchmesser:	27,5 cm
Spannweite:	1,40 m
Länge:	3,50 m
Gewicht:	326 kg

Die GBU-22 ist das Paveway-III-Modell für die 227-kg-Bombe Mk.82.

Lenkbombe GBU-24/B Paveway III

Hersteller:	Raytheon (Texas)
Land:	USA
Durchmesser:	46 cm
Spannweite:	2 m
Länge:	4,39 m
Gewicht:	908 kg

Lenkbombe GBU-24A/B Paveway III

Hersteller:	Raytheon (Texas)
Land:	USA
Durchmesser:	37 cm
Spannweite:	2,03 m
Länge:	4,31 m
Gewicht:	1066 kg

Oben: *Die GBU-24/B Paveway III bestückt die 908-kg-Bombe Mk.84 als Gefechtskopf. Sie wurde 1985 in der USAF eingeführt, 1992 in die USN. Im ersten Golfkrieg wurden insgesamt 1181 GBU-24 abgeworfen.*

Die GBU-24A/B hat mit der BLU-109-Bombe eine hohe Durchschlagskraft.

Durchschlag-Lenkbombe GBU-27/B Paveway III

Hersteller:	Lockheed Martin
Land:	USA
Durchmesser:	37 cm
Spannweite:	1,68 m
Länge:	4,24 m
Gewicht:	985 kg

Die GBU-27/B ist eine sehr treffgenaue LGB, die von F-117 Nighthawk eingesetzt wird, die 1988 bei der USAF in Dienst gestellt wurden. Sie ist im Grunde eine GBU-24A/B Paveway III mit der Bombe BLU-109, aber modifiziert, damit sie in den Bombenschacht der F-117 passt: Sie benutzt das Heck der GBU-10 und hat kürzere Adapterringe. Zudem ist sie mit Radar absorbierendem Material (RAM) beschichtet, um ihre Radarreflexionen zu verringern, wenn vor dem Abwurf die Bombenklappen offen sind. Eine Variante der GBU-27 ist die EGBU-27, deren GPS es ihr ermöglicht, bei schlechtem Wetter das Ziel sicher zu finden.

Eine Durchschlagsbombe vom Typ GBU-27/B Paveway III wird – ohne Suchkopf – unter einen Tarnkappenbomber des Typs F-117A Nighthawk geladen.

Durchschlag-Lenkbombe GBU-28/B Paveway III

Hersteller:	Lockheed Martin
Land:	USA
Durchmesser:	35,6 cm
Spannweite:	1,68 m
Länge:	5,84 m
Gewicht:	2123 kg

Die GBU-28/B wurde speziell für Angriffe auf gehärtete Ziele geschaffen. US-Experten sollen dabei Betonproben aus deutschen Bunkern verwendet haben. Die GBU-28/B wurde unter dem Druck des nahenden ersten Golfkriegs in nur 17 Tagen konstruiert, indem sie aus einem veralteten 8-inch-Kanonenrohr entwickelt wurde, das mit Sprengstoff gefüllt und versiegelt wurde. Ein GBU-24-Kopf- und -Heck-Lenksystem und ein BLU-113-Durchschlags-Gefechtskopf vollendeten die Waffe. Angeblich sollen nur 30 dieser Lenkbomben gebaut worden sein. Zwei wurden während der Erprobung eingesetzt und zwei weitere gegen irakische Ziele. Sie wurden von F-111 der USAF mit Überschallgeschwindigkeit abgeworfen, um ihre kinetische Energie zu steigern, und konnten 30 m Erde oder 6 m Beton durchschlagen. Es wird berichtet, dass ein weiteres Los GBU-28 bestellt worden sei. Zudem wurden EGBU-28 mit GPS und zwei zusätzlichen Stabilisierungsflächen vorgeschlagen. Es ist aber nicht bestätigt, ob sie ein Teil dieser oder einer späteren Bestellung sind. Die GBU-28/B kann von F-15E, B-1B und B-2 eingesetzt werden.

Die Durchschlagsbombe GBU-28/B Paveway III kann 30 m Erde oder 6 m Beton durchdringen.

TYP: LENKBOMBE PAVEWAY II (UK)

Hersteller:	Portsmouth Aviation
Land:	Großbritannien
Durchmesser:	74,3 cm
Spannweite:	1,66 m
Länge:	3,49 m
Gewicht:	557 kg

In den 70er Jahren forderte die RAF eine lasergelenkte Bombe. Daraufhin modifizierte Portsmouth Aviation den vorhandenen und bewährten Rüstsatz von Texas Instruments, sodass er zur 454-kg-Sprengbombe der RAF passte. Der Rüstsatz umfasst einen amerikanischen Lenkkopf und ein Leitwerk mit einziehbaren Steuerflächen. Portsmouth Aviation stellt auch die Adapter für Bug und Heck her, sodass der Luftstrom glatt und gleichmäßig über die Bombe gleiten kann. Im Heck befindet sich auch der Multifunktions-Bombenzünder (MFBF).

Paveway braucht Laserbeleuchtung, damit der Suchkopf die Bombe ins Ziel lenken kann. Sie kann von der TIALD-Gondel des Trägerflugzeugs oder eines anderen Flugzeugs oder aber vom Boden aus erfolgen. Der Laserstrahl enthält einen Code, der es ermöglicht, mehrere LGBs auf mehrere dicht beieinander liegende Ziele gleichzeitig abzuwerfen. Sollte eine LGB die Lasermarkierung verfehlen, fällt die Bombe als einfache Freifallbombe. Paveway II (UK) wurde Ende der 70er Jahre bei der RAF in Dienst gestellt und wurde in begrenzter Zahl im Falklandkrieg eingesetzt, danach auch im ersten Golfkrieg und im ehemaligen Jugoslawien. Paveway II (UK) kann von Harrier, Jaguar und Tornado der RAF mitgeführt werden.

Paveway II (UK) mit einer 454-kg-Übungsbombe unter einer Jaguar.

TYP:	LENKBOMBE PAVEWAY III (UK)

Hersteller:	Portsmouth Aviation
Land:	Großbritannien
Durchmesser:	37 cm
Spannweite:	2,05 m
Länge:	4,45 m
Gewicht:	1156 kg

Nach dem Erfolg mit Paveway II (UK) wurde eine verbesserte und stärkere Paveway III (UK) entwickelt, die auf der Paveway von Raytheon beruhte und BLU-109 als Munition benutzte. Portsmouth Aviation stellt die Adapterringe für Bug und Heck her und modifiziert einen neuen Multifunktions-Bombenzünder. Anders als Paveway II (UK) verwendet dieses Modell Proportionalsteuerung – die Kopfruder bewegen sich nur so weit, dass sie die Waffe exakt steuern können. Ein Autopilot steuert

sie vom Abwurfpunkt zum Ziel mit einem von mehreren Flugprofilen. Diese Profile schaffen die besten Angriffsbedingungen für verschiedene Typen von Zielen, zudem kann Paveway III in größerem Abstand vom Ziel abgeworfen werden als Paveway II. Paveway III (UK) kann mehr als 1,5 m verstärkten Beton durchschlagen, womit sie sehr wirkungsvoll gegen gehärtete Ziele eingesetzt werden kann. Paveway III (UK) wurde 1998 in Dienst gestellt und wurde bei der Operation Desert Fox sowie gegen serbische Ziele im Kosovo und in Serbien eingesetzt. Paveway III (UK) wird von Harrier, Jaguar und Tornado und später auch von Typhoon der RAF mitgeführt.

Paveway III (UK) an einer Harrier GR.7 der RAF während der Einsätze gegen Serbien.

Hersteller:	Raytheon (Texas)
Land:	USA
Durchmesser:	46 cm
Spannweite:	1,50 m
Länge:	3,94 m
Gewicht:	1140 kg
Reichweite:	8 km

Die GBU-15 oder Bombe mit kreuzförmigem Leitwerk (CWW) ist eine elektro-optisch gelenkte Gleitbombe, die Mitte der 70er Jahre entwickelt wurde; Anfang der 80er Jahre ging sie bei Rockwell in Serie. Die GBU-15 hat einen Zielsuchkopf am Bug und Flugbahn-Steuerflächen am Heck einer 908-kg-Bombe. Diese Mk.84-Bombe ist der normale Gefechtskopf, er kann aber auch aus einer BLU-109-Durchschlagsbombe bestehen. Mit TV-Steuerung wird sie als AGM-15(V)1/B bezeichnet und mit IR-Steuerung als CBU-15(V)2/B. Eine dritte, aber seltenere Variante ist die GBU-15(V)3/B, die den CBU-75-Behälter verwendet. Die Zielerfassung geschieht entweder durch TV oder durch IR, wobei das Bild per Datenübertragung übermittelt wird. Die GBU-15 kann aus geringer bis mittlerer Höhe abgeworfen werden. Beim Tiefflugabwurf steigt die Bombe, bis das Ziel erfasst ist, dann wird sie vom Waffensystemoffizier im Flugzeug ins Ziel gelenkt oder der Suchkopf schaltet sich auf. Bei höherem Abwurf fliegt die Bombe einen Sichtlinienangriff. Bei beiden Einsatzarten kann das Trägerflugzeug abdrehen. Die GBU-15 wurde von F-4 und F-111 mitgeführt, wobei die F-111 70 GBU-15 im ersten Golfkrieg abwarfen. Derzeit wird sie von A-10 und F-15E eingesetzt.

Eine TV-gelenkte Gleitbombe des Typs GBU-15 CWW an einer F-111F.

Hersteller:	Boeing (Rockwell)
Land:	USA
Durchmesser:	45,7 cm
Spannweite:	1,50 m
Länge:	3,91 m
Gewicht:	1324 kg
Reichweite:	64 km

Die EGBU-15 ist die neueste Variante der GBU-15; sie ist mit TV-, IR- und GPS-Lenkung ausgerüstet. Das erforderliche System kann vom Waffensystemoffizier je nach Wetter und vorherrschender Bedrohung ausgewählt werden.

Rechts: *Nahaufnahme des Kopfes einer EGBU-15-Gleitbombe mit GPS-Empfänger.*

Unten: *Die Gleitbombe EGBU-15.*

Hersteller:	Boeing
Land:	USA

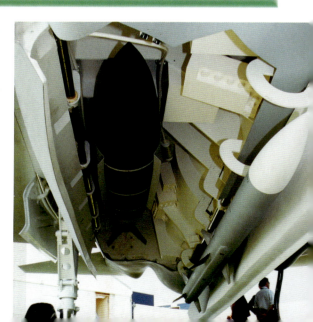

Die gemeinsame Direktangriffsmunition (JDAM) von Boeing umfasst GPS-/Trägheitsnavigations-(INS)-Rüstsätze für die 454-kg-Freifallbombe Mk.83, als GBU-32 bezeichnet, und die 908-kg-Mk.84- oder die BLU-109-Durchschlagsbombe, als GBU-31 bezeichnet, und bildet so präzisionsgelenkte Munition (PGM). Die USN verwendet den Rüstsatz für die BLU-110 als GBU-35. Sie wurden Ende der 80er Jahre aufgrund einer Forderung von USAF und USN nach einer preiswerten PGM entwickelt. Der Hersteller

Ein Modell in Originalgröße des Lockheed Martin X-35 Joint Strike Fighter mit einer GBU-31 JDAM und einer AIM-120 AMRAAM im Waffenschacht.

behauptet, JDAM könne bei jedem Wetter tags wie nachts treffsicher zielen. JDAM wird durch die Flugzeugavionik ständig mit Zielinformationen versehen und nutzt nach dem Abwurf ihr INS, das sie ins Ziel lenkt. Das GPS überprüft periodisch die Position und korrigiert bei Bedarf die Flugbahn.

Zu den von der USN geforderten Verbesserungen könnte ein Endphasensucher gehören, der die Treffgenauigkeit noch erhöht. Mit dem Diamond-Back-Rüstsatz von Alenia Marconi (s. dort) kann die Reichweite noch von 28 km auf 110 km vergrößert werden. Die USAF zeigt Interesse an einem Rüstsatz für die bereits vorhandenen 227-kg- und 113-kg-Bomben, und eine GBU-38 mit einer Mk.82 wurde erprobt. JDAM wird eingesetzt von B-1B, B-2, B-52H, F-15E, F-16 und F/A-18, weitere werden folgen. JDAM steht im Dienst von USAF und USN und wurde von B-2 mit großem Erfolg gegen serbische Ziele eingesetzt, mehr als 650 wurden abgeworfen. Etliche Staaten zeigen für ihre Luftwaffen Interesse an JDAM.

JDAM-BOMBE GBU-31 (2000 LB)

Hersteller:	Boeing
Land:	USA
Durchmesser:	45,7 cm
Länge:	3,86 m
Gewicht:	935 kg

Die GBU-31 JDAM kann eine 908-kg-Durchschlagsbombe des Typs BLU-109...

...oder die 908 kg schwere Standardbombe Mk.84 verwenden.

JDAM-BOMBE GBU-32 (1000 LB)

Hersteller:	Boeing
Land:	USA
Durchmesser:	35,6 cm
Länge:	3,05 m
Gewicht:	468 kg

Die GBU-32 JDAM mit einer 454-kg-Mk.83-Bombe.

JDAM-BOMBE GBU-35 (1000 LB)

Hersteller:	Boeing
Land:	USA
Durchmesser:	35,6 cm
Länge:	3,05 m
Gewicht:	468 kg

Über die JDAM-BOMBE GBU-35 verfügt nur die USN; ihre BLU-110-Bombe hat für die Sicherheit an Bord von Schiffen einen Hitzeschutz.

JDAM-BOMBE GBU-38 (500 LB)

Hersteller:	Boeing
Land:	USA

Die JDAM-BOMBE GBU-38 verwendet die 227-kg-Mehrzweckbombe Mk.82; sie wurde als Rüstsatz für die kleineren Bomben der USAF entwickelt.

Die GBU-38 JDAM verwendet die 227 kg schwere Mk.82-Mehrzweckbombe.

Boeing beschäftigt sich auch mit einem Rüstsatz für die 114-kg-Mk.81-Bombe der USAF. Zu den weiteren Verbesserungen, die die USN fordert, gehört auch ein Endphasen-Suchkopf, der die Genauigkeit steigert. Eine JDAM mit erhöhter Reichweite verwendet den Diamond-Back-Rüstsatz von Alenia Marconi (s. dort), der die Reichweite von 28 km auf 110 km vergrößern kann. Während des Unternehmens „Allied Force" wurden mehr als 650 JDAM-Bomben von B-2-Tarnkappenbombern abgeworfen.

TYP: LENKFLUGKÖRPER HAVE LITE (POPEYE 2)

Hersteller:	PGSUS (Rafael/Lockheed Martin)
Land:	USA
Durchmesser:	53 cm
Spannweite:	1,52 m
Länge:	4,24 m
Gewicht:	1135 kg

Have Lite ähnelt dem Lenkflugkörper AGM-142 Have Nap, ist aber für leichtere Flugzeuge wie die F-16 Fighting Falcon gebaut worden.

Die Have Lite ist ein präzisionsgelenkter Luft-Boden-Flugkörper, der von PGSUS aus der AGM-142 Have Nap/Popeye entwickelt wurde. Sie ist etwa 227 kg leichter als die AGM-142, trägt aber deren Merkmale. Sie ermöglicht kleineren, einsitzigen Flugzeugen wie F-16, Mirage 2000 oder Kfir ihren Einsatz. Die Have Lite kann in etlichen Einsatzprofilen eingesetzt werden; mit ihrer beträchtlichen Reichweite sind Kampfflugzeuge in stark verteidigten Gebieten weniger gefährdet. Sie kann auf hohe wie tiefe und waagerechte wie senkrechte Profile programmiert werden und steuert ihre mittlere Flugbahn mit GPS-gestützter Trägheitsnavigation, danach visiert sie ihr Ziel mit einem Hochleistungs-IR- oder -TV-Suchkopf an und bringt ihren Durchschlags- oder Splitter-Gefechtskopf genau ins Ziel. Ihr Feststoffmotor brennt weit vor dem Ziel aus, sodass sie nur eine geringe Lärm- oder Hitze-Abstrahlung bietet und schwer aufzufassen ist. Sie kann mit einem 341-kg-Mehrzweck- oder einem 364-kg-Durchschlags-Gefechtskopf bewaffnet werden, den sie dann auf 3 m genau ins Ziel bringt.

TYP: LENKFLUGKÖRPER HOT

Hersteller:	MBDA (Euromissile)
Land:	Deutschland/Frankreich
Durchmesser:	15 cm
Spannweite:	31 cm
Länge:	1,30 m
Gewicht:	32,5 kg
Reichweite:	4,3 km

Der Panzerabwehr-Flugkörper HOT (Hautsubsonique Optiquement téléguidé tiré d'un Tube) entstand 1964 in internationaler Zusammenarbei von Bölkow in Deutschland und Nord in Frankreich für die eigenen Streitkräfte. Euromissile leitete das Projekt und die Massenproduktion begann 1977 für den Einsatz von gepanzerten Fahrzeugen aus. Gleichzeitig wurde die Hubschrauberversion der HOT entwickelt; sie wurde 1980 im französischen Heer eingeführt. Die HOT verbleibt ihr Leben lang in einem versiegelten Glasfaserrohr, das sie nur beim Abschuss verlässt. Das Ziel wird von einem stabilisierten Visier auf dem Dach erfasst, und während des Fluges werden Lenkkommandos über einen abgespulten Draht übermittelt. Abweichungen vom erforderlichen Flugweg werden automatisch berechnet und vom Befehlsrechner als Steuerbefehle an die HOT weitergegeben, die sie auf die Sichtlinie zurückbringen. HOT wurde weiterentwickelt und 1985 begann die Produktion von HOT 2 mit verbessertem Gefechtskopf und größerem Durchmesser. Weitere Verbesserungen führten zu HOT 3 mit Tandem-Gefechtskopf und erhöhter Durchschlagskraft. HOT 3 wurde 1993 eingeführt. HOT war ursprünglich für den Hubschrauber Bo 105 des deutschen Heeres und die französische SA

342 Gazelle gebaut worden, kann aber auch von Dauphin/Panther, Lynx und Tiger eingesetzt werden. Da diese Hubschrauber viel exportiert wurden, erzielte auch die HOT Exporterfolge, besonders im Mittleren Osten. Innerhalb der NATO setzen sie Deutschland, Frankreich und Spanien ein.

Links: *Zwei Panzerabwehr-Lenkflugkörper HOT in ihren Behältern an einer Gazelle.*

TYP: LENKFLUGKÖRPER KEPD 150, KEPD 350/TAURUS

Hersteller:	Taurus Systems
Land:	Deutschland
Spannweite:	63 cm
Länge:	5 m
Höhe:	32 cm
Gewicht:	1400 kg
Reichweite:	350 km

KEPD (Kinetic Energy Penetrator and Destroyer) 150 und 350 sowie Taurus 350 sind eine Familie weit reichender Waffen, deren Entwicklung für die deutschen und schwedischen Streitkräfte 2002 abgeschlossen wurde. KEPD 150 hat eine Reichweite von 150 km und KEPD 350 von 350 km. Beide tragen einen 450-kg-Gefechtskopf, der entweder panzerbrechend oder hoch brisant ist. Taurus 350 hat eine Reichweite von 300 km und kann dieselben Gefechtsköpfe oder Streuwaffen tragen. Alle arbeiten mit INS/GPS und Terrainnavigation sowie IR-Suchkopf für die Zielerkennung in der Schlussphase des Angriffs. Die deutsche Luftwaffe wird ihre KEPD 350 mit ihren Tornado und später Jäger 90 (Typhoon oder Taifun) einsetzen; Schweden plant den Einsatz des KEPD 120 mit seinen Gripen.

Oben: *Der Lenkflugkörper Taurus KEPD 150.*

Unten: *Der Lenkflugkörper Taurus KEPD 350.*

LENKFLUGKÖRPER KH-29TE (AS-14 „KEDGE")

Hersteller:	Vympel
Land:	Russland
Durchmesser:	40 cm
Spannweite:	1,10 m
Länge:	3,90 m
Gewicht:	690 kg
Reichweite:	30 km

Der Kh-29 soll während der 70er Jahre entwickelt worden und im folgenden Jahrzehnt eingeführt worden sein. Der mit Laser oder TV gelenkte Luft-Boden-Lenkflugkörper erhielt die NATO-Bezeichnung AS-14 „Kedge". Vom Kh-29 existieren drei Varianten. Es sind dies der lasergelenkte Kh-29L, dessen Startgewicht 660 kg und dessen Reichweite 10 km beträgt. Der Kh-29T hat TV-Lenkung; er überträgt das Fernsehbild zum Flugzeug, dessen Besatzung den Flugkörper ins Ziel lenkt. Diese Variante hat ein Startgewicht von 680 kg und eine Reichweite von 12 km. Der Kh-29TE ist eine verbesserte Version des Kh-29T mit höherem Gewicht und gesteigerter Reichweite. Alle Flugköper sind sich in Größe und Form ähnlich, allerdings hat der Kh-29L eine spitze Nase, während die TV-Varianten abgeflacht sind. Jeder Flugkörper ist mit einem hoch brisanten Durch-

Der fernsehgelenkte Seeziel-Flugkörper Kh-29 TE.

schlags-Gefechtskopf bewaffnet und kann gegen Betonshelter und Startbahnen sowie gegen Brücken eingesetzt werden, T und TE sogar gegen Schiffe. Die Kh-29 können von einer Anzahl russischer Flugzeuge abgefeuert werden, so von MiG-27, MiG-29, Su-24, Su-25 und Su-27. Sie stehen im Dienst vieler Betreiber dieser Flugzeuge, so auch in den Luftwaffen Polens, Tschechiens und Ungarns.

STREUWAFFENBEHÄLTER KMG-U

Hersteller:	Bazalt
Land:	Russland
Durchmesser:	54,5 cm
Spannweite:	64 cm
Länge:	3,70 m
Gewicht:	526 kg

Der KMG-U ist ein Streuwaffenbehälter für kleine Bombenkörper (Submunition) und kann zwischen acht und 248 Durchschlags- oder Splitterbomben tragen – das Gesamtgewicht der Waffe hängt dann von den zugeladenen Bombenkörpern ab. Offensichtlich werden die Bomblets vom Behälter ausgestoßen, der selbst am Flugzeug verbleibt. Der KMG-U kann von den meisten russischen Kampfflugzeugen mitgeführt werden und steht in vielen Luftwaffen des ehemaligen Warschauer Paktes im Dienst.

Der Streuwaffenbehälter KMG-U.

Hersteller:	Lockheed Martin
Land:	USA
Durchmesser:	10,1 cm
Spannweite:	33 cm
Länge:	1,90 m
Gewicht:	40,3 kg

Die lasergelenkte Übungsbombe LGTR an einer F/A-18D Hornet des USMC.

Die Laser-Übungsbombe LGTR (Laser Guided Training Round) wurde von Loral entwickelt, um Laserausbildung zu ermöglichen, ohne die Kosten der gesamten Bombe abschreiben zu müssen. Sie benutzt das Kopfteil einer Standard-Paveway-II einschließlich des halbaktiven Lasersuchers. Wie bei den GBU wird das Abweichen von der erforderlichen Flugbahn zum Ziel ständig berechnet, notwendige Korrekturen werden an die vorderen Steuerflächen übermittelt, die sie zurück auf Kurs bringen. Lockheed Martin hat auch eine bewaffnete LGTR namens MCDW (Minimum Collateral Damage Weapon) entwickelt, die ein Ziel mitten in einer Stadt oder in einem zivilem Umfeld treffen können soll, ohne Kollateralschäden anzurichten. Die Erprobung läuft in den USA und in Großbritannien. Die LGTR wird von USMC und USN eingesetzt; Exporte gingen auch nach Kanada und Spanien.

Hersteller:	Verschiedene
Land:	Verschiedene
Durchmesser:	40,8 cm
Spannweite:	57 cm
Länge:	2,16 m
Gewicht:	340 kg

Die 340-kg-(750-lb)-Mehrzweck-Sprengbombe M117 wurde in den 60er Jahren für US-Angriffsflugzeuge entwickelt und erstmalig im Vietnamkrieg

Zwölf M117 an Schwerlastträgern unter jeder Tragfläche und weitere 27 im Bombenschacht verleihen der B-52G Stratofortress eine beeindruckende Zerstörkraft.

BODENZIELBEKÄMPFUNG

77

Die M117 wurde im ersten Golfkrieg in großer Zahl eingesetzt: B-52 trugen 51 dieser Bomben – 27 im Bombenschacht und weitere zwölf an jedem der beiden Außenlastträger. Während des Krieges flogen die B-52G insgesamt 1624 Einsätze und warfen fast 26.000 Tonnen an Bomben ab – fast die Hälfte der 55.000 Tonnen, die von den verbündeten Streitkräften abgeworfen wurden – und fast 15.000 Tonnen davon waren M117. Sie wurden meist von einer Dreierformation in größeren Höhen abgeworfen und verwüsteten ein Gebiet von 2,4 x 1,6 km Größe. Die Bodentruppen bemerkten den Angriff erst, wenn die erste der 153 Explosionen erfolgte. Neben der Zerstörungskraft war auch die psychologische Wirkung beträchtlich. Es wird berichtet, dass ein irakischer Bataillonskommandeur sich ergab, nachdem er die Auswirkungen bei einem Nachbarverband beobachtet hatte. Die Bestände an M117 müssen im ersten Golfkrieg erheblich dezimiert worden sein, aber wahrscheinlich gibt es noch immer erhebliche Vorräte dieser wirkungsvollen Waffe.

340 kg schwere M117 mit Widmungen an einer B-52G während des ersten Golfkrieges.

eingesetzt. Es ist eine Standard-Eisenbombe, deren Zünder die Detonation in der Luft, am Boden oder mit Verzögerung auslösen. Verschiedene Hecksätze erzeugen niedrigen oder hohen Luftwiderstand für Einsätze in mittleren oder niedrigen Höhen.

TYP:	MEHRZWECKBOMBE MK.80

Hersteller: Verschiedene
Land: Verschiedene

Die Entwicklung der Mk.80-Serie von Mehrzweckbomben geringen Luftwiderstands begann in den 50er Jahren. Diese Bomben wurden nicht nur für die US-Streitkräfte die Standardbomben, sondern

Waffenwarte bereiten 227-kg-Mk.82-Bomben auf dem RAF-Fliegerhorst Fairford auf den Einsatz gegen Serbien vor.

auch für viele andere. Etliche Länder haben ihre Bomben nach derselben Spezifikation gebaut und mit Standard-NATO-Bombenschlössern sind sie voll austauschbar. Die Mk.80-Serie umfasst vier Bombentypen: Die Mk.81 ist mit 114 kg (250 lb) die kleinste, ihr folgen 227 kg (500 lb), 454 kg (1000 lb) und 908 kg (2000 lb). Während die Bombenhülle in all den Jahren nur wenig verändert wurde, gab es zahlreiche Änderungen an Kopf, Zünder, Füllsatz und Heck, hier mit hohem Luftwiderstand für Tiefflugeinsätze.

Waffenwarte bestücken Mk.82-Bomben mit Heckrüstsätzen, bevor sie mit einer B-1B Lancer serbische Ziele angreifen.

Alle vier Bombentypen werden von USAF, USN und USMC eingesetzt, obwohl die USAF die Mk.83 eine Zeit lang nicht verwendete. Und die Mk.82- und Mk.83-Bomben der USN wurden modifiziert, indem sie mit dem weniger empfindlichen PBXN-109-Sprengstoff gefüllt wurden: Jetzt hießen sie BLU-111/B und BLU-110/B. Die meisten Bomben der USN – besonders die, die auf See mitgeführt werden – bekamen eine Hitzeschutzschicht, was sie an Bord von Schiffen sicherer macht. Für Tiefflugeinsätze können die Mk.80 mit dem Ballute-Verzögerungssystem versehen werden. Es besteht aus einem aufschraubbaren Heck, das einen aufblasbaren Ballonfallschirm enthält, der die Bombe so abbremst, dass das tieffliegende Trägerflugzeug durch die Detonation nicht gefährdet wird. Der Pilot kann – je nach Höhe – den Ballute beim Abwurf aktivieren oder den niedrigen Luftwiderstand belassen. Das Ballute-Heck wird an der 250-EU2-Bombe gezeigt. Die Mk.80-Bomben stellen oft den Gefechtskopf für andere Waffensysteme wie Paveway, GBU-15, GBU-130 und JDAM. Sie sind auch an den Quickstrike-Seeminen beteiligt. Die Mk.80-Bomben sind die Standard-Mehrzweckbomben der USA und vieler anderer Streitkräfte, obwohl die Mk.81 nicht so häufig vorkommt. Man findet sie in den Beständen der meisten Betreiber von US-Flugzeugen.

114-kg-(250-lb)-Mehrzweckbombe Mk.81

Hersteller:	Verschiedene
Land:	USA
Durchmesser:	22,8 cm
Spannweite:	32 cm
Länge:	1,88 m
Gewicht:	118 kg

Eine französische Mk.81-Bombe geringen Luftwiderstands, gebaut von SAMP.

227-kg-(500-lb)-Mehrzweckbombe Mk.82

Hersteller:	Verschiedene
Land:	Verschiedene
Durchmesser:	27,3 cm
Spannweite:	38 cm
Länge:	2,21 m
Gewicht:	241 kg

Mk.82-Mehrzweckbomben auf einem Anhänger – nur ein Teil der Bombenlast der 84 B-1B Lancer, die für einen weiteren Einsatz gegen serbische Ziele vorbereitet werden.

Unten: *Die Mk.82 ist das 227-kg-Modell der Standardbombenreihe der USAF.*

227-kg-(500-lb)-Mehrzweckbombe Mk.82 Snakeye

Hersteller:	Verschiedene
Land:	USA/Spanien

Die 227-kg-Mehrzeckbombe Mk.82 Snakeye hat einen Heckrüstsatz, dessen Verzögerungsflächen sich bei Tiefflugeinsätzen nach dem Abwurf entfalten. Diese Mk.82-Varianten wurden vom spanischen Hersteller Maarsu gefertigt.

454-kg-(1000-lb)-Mehrzweckbombe Mk.83

Hersteller:	Verschiedene
Land:	Verschiedene
Durchmesser:	35 cm
Spannweite:	48 cm
Länge:	3 m
Gewicht:	447 kg

Zwei 454-kg-Mehrzweckbomben werden von Waffenwarten auf den Einsatz mit einer F/A-18 Hornet des USMC vorbereitet. Die graue Bombe trägt eine Hitzeschutzschicht und heißt daher BLU-110/B – die rechte trägt keine und bleibt deshalb eine Mk.83.

908-kg-(2000-lb)-Mehrzweckbombe Mk.84

Hersteller:	Verschiedene
Land:	Verschiedene
Durchmesser:	46 cm
Spannweite:	64 cm
Länge:	3,84 m
Gewicht:	894 kg

Die 894-kg-Mehrzweckbombe geringen Luftwiderstands wurde in den 50er Jahren als Standardbombe für die US-Streitkräfte entwickelt. Inzwischen wurde sie zur Standardbombe in vielen Ländern, die sie auch in Lizenz herstellen. Die Mk.84-Bombe steht bei den meisten NATO-Luftwaffen im Dienst.

Oben: *Die 894-kg-Mehrzweckbombe Mk.84 wird derzeit von den meisten Luftwaffen der NATO und weltweit vielen weiteren Luftstreitkräften verwendet; einige Länder bauen sie in Lizenz.*

Unten: *Diese Mk.84-Mehrzweckbombe wird von einem Ladegerät zu einer B-52H Stratofortress gebracht, die sich auf den NATO-Balkanfeldzug vorbereitet.*

TYP: STREUWAFFENBEHÄLTER MK.20 ROCKEYE II

Hersteller:	Ferranti
Land:	USA
Durchmesser:	33,5 cm
Spannweite:	86 cm
Länge:	2,34 m
Gewicht:	232 kg

Der Bündelwaffenbehälter Mk.20 Rockeye II umfasst den Mk.7-Behälter und die Mk.118-Munition. Anfang der 60er Jahre im Naval Weapons Center entwickelt, wurde er 1968 übernommen und in Vietnam wie im ersten Golfkrieg häufig eingesetzt. Rockeye ist mit 247 Mk.118-Bombenkörpern bewaffnet, die wirksam gegen Schiffe und Panzer eingesetzt werden. Er kann aus allen Höhen abgeworfen werden, wobei die Höhe die Größe des bestreuten Gebiets bestimmt. Spätere Entwicklungen hatten im Behälterzünder einen Sensor, der die Bomblets in einer vorbestimmten Höhe freigab. Obwohl für die USN entwickelt, bestellte auch die USAF beträchtliche Mengen. Eine Variante des Rockeye-Behälters wurde von der USN als Mk.6 angefordert: Er hatte eine Hitzeschutzschicht und weitere innere Schutzvorrichtungen, die ihn vor Feuer an Bord eines Schiffes schützten. Rockeye bleibt im Dienst von USAF und USN wie auch von anderen NATO-Ländern wie Dänemark, Holland, Norwegen und der Türkei. Es ist eine simple Waffe, die nicht mit dem Waffensystem des Trägerflugzeugs verbunden ist und daher von

den meisten taktischen US-Flugzeugen eingesetzt werden kann – auch von der F-16, die von diesen Ländern geflogen wird.

Der Bündelwaffenbehälter Rockeye wurde häufig im ersten Golfkrieg eingesetzt.

TYP: MEHRZWECKWAFFE MW-1

Hersteller:	LFK/RTG
Land:	Deutschland
Durchmesser:	1,32 m
Länge:	5,33 m
Höhe:	65 cm
Gewicht:	4700 kg

Die Mehrzweckwaffe MW-1 wurde Mitte der 60er Jahre von der Firma Raketentechnik als Streuwaffenbehälter entwickelt. Mit der MW-1 sollten die Unzulänglichkeiten bestehender und künftiger Streuwaffenbehälter überwunden werden, die feste Bomblet-Zuladungen und Ausstoßmuster hatten. MW-1 konnte verschiedene Bomblets aufnehmen und ihre Ausstoßkriterien konnten leicht verändert werden. Der Behälter hat 112 Ausstoßrohre, von denen jedes Rohr bis zu 42 Bomblets aufnehmen kann. Die MW-1 sollte ursprünglich von den F-104G Starfighter der deutschen Luftwaffe gegen gepanzerte Ziele und Flugplätze eingesetzt werden. Später wurde sie für die Tornado der deutschen und der italienischen Luftwaffe übernommen.

Oben: *Der Streuwaffenbehälter MW-1. Je nach zugeladenem Bomblettyp kann er bis zu 4704 Kleinbomen gegen gepanzerte Ziele ausstoßen.*

Unten: *Ein Tornado der deutschen Marine stößt Bomblets aus der MW-1 aus und beginnt einen verheerenden Angriff.*

TYP: SPRENGBOMBE OFAB

Hersteller:	Bazalt
Land:	Russland
Durchmesser:	40 cm
Spannweite:	45 cm
Länge:	2,30 m
Gewicht:	515 kg

Die russische Splitter-/Sprengbombe OFAB umfasst eine ganze Gruppe. OFAB wurden in verschiedenen Größen gebaut, wobei die Zahl in der Bezeichnung das Gewicht der Bombe angibt: 100 kg, 120 kg, 250 kg und 500 kg, von denen viele noch Untervarianten für spezielle Einsätze aufweisen. Die OFAB-Bomben können von den meisten russischen Angriffsflugzeugen eingesetzt werden, also auch von den Flugzeugen der Luftwaffen Polens, Tschechiens und Ungarns.

Ein Modell der Splitterbombe OFAB-500U von Bazalt.

TYP: ENDPHASEN-LENKRÜSTSATZ OPHER

Hersteller:	Elbit
Land:	Israel
Durchmesser:	27,3 cm
Spannweite:	70 cm
Länge:	3,43 m
Gewicht:	325 kg

Der Endphasen-Lenkrüstsatz Opher wurde Anfang der 80er Jahre von Elbit entwickelt, um Standardbomben in Präzisionsbomben umzuwandeln. An einer Bombe sieht Opher dem Rüstsatz Paveway sehr ähnlich, allerdings arbeitet er anstatt mit reflektiertem Laser mit IR-Sucher. Abhängig vom Einsatzprofil kann die PGM etwa 7 km vor dem Ziel abgeworfen werden und fasst das Ziel in 1 km Entfernung auf. Opher kann bereits getroffene Ziele erkennen und bewegliche Ziele verfolgen. Eine Weiterentwicklung namens Whizzard arbeitet mit Erkennungsalgorithmen und kann so bestimmte Fahrzeuge erkennen. Opher kann von den meisten Flugzeugen der israelischen Luftwaffe eingesetzt werden und wurde in etliche Länder exportiert, so auch Italien.

Der israelische Rüstsatz Elbit Opher für die Bomben-Endphasenlenkung sieht aus wie Paveway II, arbeitet aber mit Infrarot anstelle von Laser.

BODENZIELBEKÄMPFUNG

83

Hersteller:	Bazalt
Land:	Russland
Durchmesser:	45 cm
Länge:	2,50 m
Gewicht:	500 kg

Der russische Streuwaffenbehälter RBK kann eine Vielfalt von Bomblets einsetzen, darunter auch Submunition, die sich gegen Menschen oder gegen Panzerung richtet. Der RBK-500 wiegt etwa 500 kg – abhängig vom Typ der zugeladenen Submunition, zu der auch Bomblets mit Sensorzünder gehören können. Kleinere Varianten sind RBK-275 und RBK-250. Da der RBK russische Standard-Bombenschlösser hat, kann er von vielen russischen Flugzeugen mitgeführt werden, so von MiG-21, MiG-23, MiG-29, Su-22, Su-24, Su-25 und Su-27. Da der RBK sowohl in der russischen wie in anderen Luftwaffen des ehemaligen Ostblocks im Dienst steht, wird er auch in Polen, Tschechien und Ungarn eingesetzt.

Rechts: *Ein Modell des RBK-500SPBE-D mit einem von 15 SPBE-D SFW, die er tragen kann. Das Stück Panzerung zeigt die Durchschlagskraft der Waffe.*

Oben: *Der Streuwaffenbehälter RBK-500U.*

Bomblet PFM-1

Hersteller:	Unbekannt
Land:	Russland

Die PFM-1-Bomblets sind eine Submunition, die auf verschiedene Weise verteilt werden kann, auch durch Streuwaffenbehälter wie RBK oder PROSAB. PFM-1 trägt den Spitznamen „grüner Papagei" oder „Schmetterlingsmine". Es erinnert an Ahornsamen, der sich im Fluge dreht. Es ist mit flüssigem Sprengstoff gefüllt, dessen Dreheffekt nach der Landung anhält und die Ladung scharf macht. Jeglicher Druck auf die Plastikhülle führt zur Explosion und zu schweren Verletzungen.

Die PFM-1-Bomblets passen in viele russische Streuwaffenbehälter.

Hersteller:	Verschiedene
Land:	USA
Durchmesser:	43 cm
Spannweite:	58 cm
Länge:	2,33 m
Gewicht:	Ladungsabhängig

Der Streuwaffenbehälter SUU-30 wurde in den 60er Jahren entwickelt und kann eine Vielfalt von BLU-Bombenkörpern aufnehmen. Der SUU-30 selbst ist keine Waffe – erst wenn er (im Werk) geladen wurde, bekommt er die entsprechende CBU-Bezeichnung. Da er ungelenkt ist und Standard-bombenschlösser trägt, kann er von den meisten Angriffsflugzeugen der NATO mitgeführt werden. Nach dem Abwurf öffnet sich der Behälter und gibt die Submunition frei. Zeitpunkt der Behälteröffnung und Flugweg der Submunition können vor dem Einsatz vorbestimmt werden.

Der SUU-30-Behälter ist die Grundlage etlicher Streuwaffenbehälter, von denen jeder eine CBU-Kennzeichnung entsprechend seiner Submunition trägt.

TYP: ABDRIFTVERHINDERNDER HECKRÜSTSATZ WCMD

Hersteller: Lockheed Martin
Land: USA

Der WCMD ist ein preiswerter Heckrüstsatz, der vorhandene Streuwaffenbehälter (CBU-87/B CEM, CBU-89/B GATOR und CBU-97/B SFW) in präzisionsgelenkte Allwetterwaffen verwandelt. Indem er Abwurf- und ballistische Daten sowie Wind berücksichtigt, sorgt der WCMD dafür, dass Angriffsflugzeuge ihre Waffen aus jeder Höhe und bei jedem Wetter genau ins Ziel bringen können. Der WCMD besteht aus einem Trägheitsmessgerät, aktiven Steuerflächen und speziellen Windmess- und -Kompensationsalgorithmen. Der WCMD ersetzt das vorhandene Heck. Eine Schnittstelle nach Militärstandard 1760 sorgt dafür, dass alle Angriffsflugzeuge der USAF einschließlich B-1, B-2, B-52, F-15E, F-16 und F-117 den WCMD mitführen können. Rüstsatz-Hardware und Einsatzplanungs-Software sind für alle Streuwaffenbehälter gleich. Der WCMD kann vor dem Einsatz oder während des Fluges programmiert werden. Jede Waffe kann einzeln auf ihr Ziel ausgerichtet werden, sodass eine maximale Waffenwirkung erzielt wird. Um die Kosten des WCMD niedrig zu halten, besteht jeder Rüstsatz aus möglichst wenigen Teilen, was auch die Fertigungszeit verkürzt. 1997 wurden die ersten WCMD bestellt und 1999 an die USAF ausgeliefert, die einen Bedarf von 50.000 Rüstsätzen ermittelt hat.

Ingenieure überprüfen den abdriftverhindernden Heckrüstsatz WCMD.

Der Heckrüstsatz WCMD ersetzt das Heck bestehender CBU-Waffen.

Hersteller:	Eurotorp
Land:	Frankreich
Durchmesser:	32,4 cm
Länge:	2,70 m
Gewicht:	221 kg
Höchstgeschwindigkeit:	11 km/h
Reichweite:	7 km

Der Leichttorpedo A.244 von Eurotorp wurde in den 60er Jahren von Whitehead Moto Fides in Italien entwickelt, um den US-Torpedo Mk.44 der italienischen Marine beim Einsatz in den seichten Gewässern des Mittelmeers zu ersetzen. 1971 wurde er eingeführt. Der A.244S ist ein verbessertes Modell mit neuem Suchkopf, das Anfang der 80er Jahre von der italienischen Marine in Dienst gestellt wurde. Ein Mod 1 entstand einige Jahre später mit einem nochmals verbesserten Suchkopf. Der A.244S kann von etlichen Hubschraubern und Flugzeugen mitgeführt werden, so auch von AB-212, SH-3D,

Ein Leichttorpedo des Typs A.244S Mod 1.

EH-101 und Enforcer. Er steht bei einer Reihe von Staaten im Dienst, so auch in Griechenland, Italien und der Türkei.

Hersteller:	Boeing (McDonnell Douglas)
Land:	USA
Durchmesser:	33 cm
Spannweite:	91,4 cm
Länge:	3,84 m
Gewicht:	520 kg
Reichweite:	92 km

Der Seeziel-Lenkflugkörper AGM-64 Harpoon wurde Anfang der 70er Jahre von McDonnell Douglas für die Bekämpfung von Schiffen und U-Booten entwickelt. Harpoon wurde erstmals 1972 abgeschossen; gleichzeitig forderte die USN ein von Schiffen aus einsetzbares und ein Jahr später ein von U-Booten aus einsetzbares Modell. 1973 wurde Harpoon von der USN als primäre Waffe gegen Überwasserschiffe ausgewählt und hieß als luftgestütztes Modell AGM-84A, als schiffgestütztes Modell RGM-84A und als U-Boot-Modell UGM-84A. Die Auslieferung an die USN begann 1977. Verschiedene Verbesserungen begannen 1982 mit Block 1B und einem moderneren Lenksystem für die RN. Block 1B fliegt so tief ins Ziel, dass das Seeziel es schwer hat, Harpoon zu entdecken und zu bekämpfen. Ein weiterentwickelter Block 1C wurde 1984 als AGM-84C an die USN und als AGM-84D an die USAF ausgeliefert. AGM-84D wurde für den Einsatz durch die konventionell bewaffnete B-52H modifiziert, die je nach Konfiguration acht bis zwölf

Harpoon mitführen kann. Block 1D wurde mit neuer Software und neuem Lenksystem ausgerüstet. Mit gesteigerter Reichweite war der Flugkörper nun in der Lage, ein Ziel erneut anzugreifen, indem er kleeblattartige Suchmuster abflog. Die Pläne, Harpoon Block 1D weiter zu verbessern, wurden nach dem Zusammenbruch der Sowjetunion aufgegeben. Die Fähigkeit jedoch, erneut anzugreifen, und eine verbesserte Lenkung wurden in eine neue Block-1G-Variante eingebracht, und als die Erprobung 1997 erfolgreich abgeschlossen war, erfolgte die Auslieferung als AGM-84G an internationale Abnehmer. Der Landangriffs-Lenkflugkörper AGM-84E SLAM wurde in nur 27 Monaten aus einer Standard-Harpoon zur Interimswaffe während der Konstruktion der AGM-137 entwickelt. Die AGM-137 wurde jedoch vor Fertigstellung aufgegeben. SLAM bekam von der AGM-65D Maverick den IR-Sucher und das GPS. Per Datenverbindung wurden die Suchbilder übertragen und Kommandos empfangen. SLAM wurde 1990 eingeführt und begrenzt im ersten Golfkrieg eingesetzt. AGM-84H SLAM-ER ist eine Weiterentwicklung der Harpoon und wird anschließend beschrieben. AGM-84J Harpoon Block 2 oder Harpoon 2000 ist ein preiswerter Lenkflugkörper, der auch Ziele an Land angreifen kann. Dafür bekam er vom JDAM das integrierte GPS/INS und vom SLAM-ER Software, Einsatzrechner, GPS-Antenne und -Empfänger. Er kann von

Flugzeugen, von Überwasserschiffen, von U-Booten und von Land aus eingesetzt werden. AGM-84 Harpoon wird von B-52, F-16, F/A-18, Nimrod, P-3 und S-3 eingesetzt und befindet sich in 25 Staaten im Dienst.

Die CATM-84E-Variante des AGM-84 an einer P-3C Orion der USN; sie dient Ausbildungszwecken.

TYP: LENKFLUGKÖRPER AGM-84H SLAM-ER

Hersteller:	Boeing (McDonnell Douglas)
Land:	USA
Durchmesser:	34,3 cm
Spannweite:	2,18 m
Länge:	4,37 m
Gewicht:	635 kg
Reichweite:	280 km

Der Lenkflugkörper AGM-84H SLAM-ER.

AGM-84H SLAM-ER (Stand-off Land Attack Missile – Expanded Response) wurde nach den Einsatzerfahrungen mit AGM-84E SLAM im ersten Golfkrieg entwickelt. Obwohl SLAM-ER einen 318 kg schweren Durchschlags-Gefechtskopf verglichen mit den 222 kg von SLAM mitbringt, vergrößert der 13 cm kürzere SLAM-ER mit seinen faltbaren Tragflächen die Reichweite von 95 km auf 280 km. Zudem verfügt SLAM-ER über verbesserte Navigation und automatische Einsatzplanung. Die USN hat einen Bedarf von 600 AGM-84H SLAM-ER und die Produktion des ersten Loses ist bereits angelaufen. Zu den Weiterentwicklungen zählt auch SLAM-ER Plus mit automatischer Zielerkennung, die allerdings auch vom Beobachter durchgeführt werden kann. Derzeit plant man einen 1089 kg schweren Grand SLAM mit verbesserter Navigation und Datenverbindung, größerem Gefechtskopf und Brennstoff für 300 km Reichweite.

TYP: LENKFLUGKÖRPER AGM-119 PENGUIN

Hersteller:	Kongsberg
Land:	Norwegen
Durchmesser:	28 cm
Spannweite:	1,40 m
Länge:	3,20 m
Gewicht:	370 kg
Höchstgeschwindigkeit:	Hoher Unterschall
Reichweite:	55+ km

Penguin 3 ist eine Weiterentwicklung des Kongsberger Seeziel-Lenkflugkörpers speziell für Starrflügler. Er ging aus dem schiffgestützten Penguin 1 mit einem neuen, digitalisierten Lenksystem hervor und wurde für die F-16 der norwegischen Luftwaffe entwickelt. Diese Variante der Penguin wurde Ende der 70er Jahre entwickelt – vor der hubschraubergestützten Penguin 2 Mod 7, daher die numerisch abseits liegende Bezeichnung AGM-119A. Obwohl für die F-16 entwickelt, kann Penguin 3 auch von anderen Flugzeugen mitgeführt werden; die Anpassung an den Eurofighter Typhoon steht bevor. Die F-16 kann vier Penguin 3 und vier AIM-9 Sidewinder tragen.

Ein AGM-119 Penguin 2 Mod 7 mit beigeklappten Tragflächen auf dem Weg zum Hubschrauber.

Der Abschuss eines Penguin beginnt mit der Eingabe der Streckenführung und der Zielposition vor dem Abschuss oder während des Einsatzes. Danach ist der Lenkflugkörper völlig autonom, sodass das Trägerflugzeug einen weiteren Angriff starten oder abdrehen kann. Der Flugkörper folgt der vorgegebenen Route mit seinem sehr genauen Trägheitsnavigationssystem und benutzt beim Einflug ins Zielgebiet seinen hoch auflösenden passiven Suchkopf für die Zielerkennung. Hat das System das Ziel erkannt, ist es gegen jegliche Gegenmaßnahmen immun. Beim Anflug auf das Ziel geht der Flugkörper in den Tiefstflug über, um es kurz über der Wasserlinie zu treffen. Die normale Angriffstaktik der norwegischen Luftwaffe ist es, mehrere Penguin zeitlich so abzufeuern, dass sie das Ziel gleichzeitig treffen. Alternativ kann der Penguin so programmiert werden, dass er bei mehreren Zielen erkennen kann, welche Ziele bereits getroffen sind – er überfliegt sie dann und sucht sich ein neues Ziel. Auf diese Weise kann

eine Anzahl von Flugkörpern auf das wichtigste Ziel angesetzt werden und bekämpft nach dessen Zerstörung weniger wichtige Ziele. Die Auslieferung des Penguin 3 an die norwegische Luftwaffe begann 1987; sie ist zurzeit der einzige Nutzer. Penguin 2 Mod 7 wurde aus dem flugzeuggestützten Penguin 3 für den Einsatz von Hubschraubern aus entwickelt. Die Arbeit an diesem Lenkwaffenmodell begann Mitte der 80er Jahre zusammen mit Grumman und zog auch das Interesse der USN auf sich – so erhielt es die US-Bezeichnung AGM-119. Da die Entwicklung der Hubschraubervariante erst nach der Penguin 3 begann, wurde sie als B-Modell bezeichnet. Mittlerweile wurde die Lenkwaffe erfolgreich der SH-60B Seahawk angepasst. Der Einsatz des Penguin 2 Mod 7 ähnelt dem des Penguin 3. Der Hauptunterschied besteht darin, dass das Hubschraubermodell einen Beschleunigungsmotor hat, der es von der Hubschraubergeschwindigkeit auf hohe Unterschallgeschwindigkeit bringt. Zudem hat es klappbare Tragflächen, die seine Spannweite auf 56 cm verringern, sodass es leichter am Hubschrauber befestigt werden kann. Mit 3 m Länge ist es etwas kürzer als Penguin 3, mit 385 kg aber auch etwas schwerer: Daher beträgt seine Reichweite auch nur 34+ km. Penguin 2 Mod 7 wurde an die USN sowie die griechische und die türkische Marine für den Einsatz mit SH-60/SH-70 geliefert; die australische Marine setzt ihn mit ihren SH-2 ein. Auch die spanische Marine ist an Penguin für ihre AV-8B Harrier und SH-60B interessiert.

Vier Penguin-3-Seeziel-Lenkflugkörper fertig zum Beladen vor einer F-16 Fighting Falcon der norwegischen Luftwaffe.

Hersteller:	NAWC
Land:	USA
Durchmesser:	35,6 cm
Spannweite:	1,60 m
Länge:	4,33 m
Gewicht:	582 kg
Reichweite:	7 km

AGM-123 Skipper wurde Anfang der 80er Jahre ent-wickelt, da die USN eine Abstandslenkwaffe gefor-dert hatte, die dem erfolgreichen Paveway-System gleichkam. Erste Arbeiten führte das Naval Wea-pons Center in China Lake durch. Obwohl sich die Laserlenkbombe (LGB) Paveway als wirksame Waffe erwiesen hatte, war ihre Reichweite zu kurz, wenn sie im Tiefflug über See abgeworfen wurde. Daher wurde ein Raketenmotor eingebaut: derselbe, den auch Shrike ARM verwendete. Indem sie bereits vorhandene Komponenten benutzten, waren USN und USMC in der Lage, eine wirksame Waffe zu weitaus geringeren Kosten als Paveway III zu schaf-fen. Obwohl Paveway III genauer treffen konnte, hatte es nicht die erforderliche Reichweite. Infolge der Kostenersparnis konnten USN und USMC eine beträchtliche Anzahl der Laserlenkbomben Skipper erwerben. Skipper beruht auf der Lenkbombe Pa-veway II mit einer 454-kg-(1000-lb)-Mk.83-Bombe. Rüstsätze erlauben die Umrüstung vorhandener LGB zu Skipper. Sie werden von A-6 und A-7 und neuer-dings auch von F/A-18 mitgeführt.

Rechts: *Der Raketenmotor erlaubt es, den Skipper bei Angriffen auf Schiffe in größerem Abstand abzufeuern als die Lenkbombe Paveway.*

Oben: *Vier lasergelenkte Bomben des Typs AGM-123 Skipper an einer A-6 Intruder der USN.*

Hersteller:	MBDA (Aérospatiale)
Land:	Frankreich
Durchmesser:	35 cm
Länge:	4,69 m
Gewicht:	670 kg
Reichweite:	50 km

Die Familie der Seeziel-Lenkflugkörper Exocet wurde von Aérospatiale entwickelt und ging 1972 in Serie. Die Exocet war der erste westliche, weitreichende Seeziel-Flugkörper, der sein Ziel selbst fand. Sie wur-de erstmals von den Argentiniern recht erfolgreich

Die flugzeuggestützte Variante des Seeziel-Lenkflugkör-pers AM.39 Exocet.

SEEZIELBEKÄMPFUNG

89

Ein AM.39-Exocet-Lenkflugkörper an einer Mirage F.1CR, daneben Durandal-Bomben.

im Falklandkrieg gegen englische Schiffe eingesetzt und versenkte HMS *Sheffield* und HMS *Atlantic Conveyor*. Von der Exocet gibt es Varianten, die von Überwasserschiffen (MM.39), von U-Booten (SM.39) und von Küstenbatterien (BC) aus abgefeuert werden können. Die luftgestützte Variante (AM) kann sowohl von Starr- wie auch von Drehflüglern aus eingesetzt werden. Weiterentwicklungen der Exocet verwenden neue Technologie und das neu-

este Block-2-Modell ist stark verbessert. Es fliegt noch tiefer und die Zielsuchlenkung sendet erst dicht vor dem Ziel, um die Annäherung nicht zu verraten. Der Suchkopf kann das gewünschte Ziel von anderen unterscheiden. Die Exocet können auch als Salve abgefeuert werden: Dabei wird die Endphase so koordiniert, dass das Ziel gleichzeitig angegriffen und seine Abwehr überlastet wird. Etwa 3200 Exocet-Lenkflugkörper aller Varianten sind bisher an 32 Länder geliefert worden; gefechtsmäßig wurden sie im Iran, im Irak, im ersten Golfkrieg und im Falklandkrieg eingesetzt.

TYP: LENKFLUGKÖRPER AS.15TT

Hersteller:	MBDA (Aérospatiale)
Land:	Frankreich
Durchmesser:	18 cm
Spannweite:	53 cm
Länge:	2,30 m
Gewicht:	103 kg
Höchstgeschwindigkeit:	1010 km/h
Reichweite:	17 km

Der AS.15TT ist Teil einer Familie von leichten Seeziel-Lenkflugkörpern, die von Schiffen (MM.15), Küstenbatterien (BC.15) oder von Hubschraubern aus (AS.15TT) eingesetzt werden können. Aérospatiale begann Mitte der 70er Jahre mit seiner Entwicklung; im Oktober 1982 wurde er erstmals abgeschossen. Der AS.15TT ist eine Weiterentwicklung der drahtgelenkten AM-10-Lenkflugkörper, arbeitet aber mit Funk-Fernlenkung. Er wird vom AS 365 Panther eingesetzt. Dessen Agrion-Radar vergleicht die Position des Ziels mit dem Flugweg des Flugkörpers und erzeugt bei Bedarf Kurskorrektur-Kommandos. Bis dicht vor dem Ziel fliegt er im Tiefflug, danach sinkt er auf Seehö-

he. Außer vom Hubschrauber Panther kann der AS.15TT auch von Dauphin, Puma und NH-90 eingesetzt werden.

Der leichte Seeziel-Lenkflugkörper AS.15TT.

Hersteller:	LFK/Thomson-CSF (MBB)
Land:	Deutschland/Frankreich
Durchmesser:	34,5 cm
Spannweite:	1,00 m
Länge:	4,40 m
Gewicht:	600 kg
Reichweite:	30 km

Mitte der 60er Jahre begann MBB mit der Entwicklung des Flugkörpers AS.34 Kormoran als Seezielwaffe für die deutsche Marine. Zuvor hatten deutsche und französische Studien zum Lenkflugkörper AS.33 geführt, der aber nicht gebaut wurde. Die Erprobung des Kormoran begann 1970; 1977 begann die Auslieferung. Die F-104G der Marineflieger setzten den Kormoran als erste ein, dann folgten die Tornado. 1983 begann ein Verbesserungsprogramm, das zur Variante Kormoran 2 führte. Sie ist äußerlich identisch, hat aber innen aufgrund miniaturisierter Elektronik mehr Platz, der zugunsten der Größe von Antrieb und Gefechtskopf genutzt wurde: Das Gesamtgewicht beträgt jetzt 630 kg,

Einer von zwei Seeziel-Lenkflugkörpern des Typs AS.34 Kormoran unter einem Tornado der deutschen Marineflieger.

die Reichweite 35 km. Kormoran 1 wird von den Streitkräften Deutschlands und Italiens eingesetzt, Kormoran 2 nur von der deutschen Marine.

Hersteller:	MBDA (Matra/BAe)
Land:	Frankreich/Großbritannien
Durchmesser:	40 cm
Spannweite:	1,20 m
Länge:	4,12 m
Gewicht:	1213 kg
Höchstgeschwindigkeit:	Mach 1
Reichweite:	60 km

Der Lenkflugkörper MARTEL (Missile Anti-Radar TÉLévision) wurde in den 60er Jahren gemeinsam von Matra und British Aerospace als Bodenzielflugkörper für die Luftwaffen ihrer Länder entwickelt. Vom MARTEL wurden zwei Modelle entwickelt: Beide verwendeten – bis auf den Bug – dieselbe Zelle. Der AJ 168 arbeitete mit Fernsehlenkung und wurde von BAe für die Buccaneer der RAF zur Seezielbekämpfung gebaut. Seine stumpfe Nase trug die TV-Linse; daher war er mit 3,87 m etwas kürzer. Matra baute das Anti-Radar-Modell MARTEL mit spitzer Nase, die je nach Bedrohung eine Anzahl passiver Radarsucher aufnehmen konnte. MARTEL wurde von Atlantic, Buccaneer, Jaguar und Mirage eingesetzt. Der AS.37 wurde von der französischen Luftwaffe und der RAF übernommen und kann auch exportiert worden sein. Mitte der 90er Jahre musterte die RAF ihre MARTEL aus; sie wur-

Ein MARTEL-Lenkflugkörper an einer englischen Buccaneer.

den durch Sea Eagle ersetzt. Wahrscheinlich sind sie auch nicht mehr im Bestand der französischen Luftwaffe, die sie durch ARMAT ersetzt hat.

Hersteller:	BAe Systems
Land:	Großbritannien
Durchmesser:	29,7 cm
Länge:	1,40 m
Gewicht:	145 kg

Oben: *Zwei unscharfe Mk.11-Wasserbomben, die Ausbildungszwecken dienen.*

Die BAe-Wasserbombe Mk.11 Mod 3 ist eine wirksame, preiswerte und luftgestützte Waffe gegen U-Boote. Sie verträgt die starken Vibrationen von Hubschraubern und Mantel wie Bug sind so verstärkt, dass sie die hohe Eintrittsgeschwindigkeit ins Wasser problemlos überstehen, was sie für den Einsatz von Starr- und Drehflüglern aus tauglich macht. Zwar sind Torpedos die Hauptwaffe gegen U-Boote, aber es sind auch Szenarien denkbar, in denen Wasserbomben angemessener sein können, besonders wenn das U-Boot sich dicht an der Oberfläche oder in flachem Wasser bewegt. Sie können auch als Warnschuss gegen Schiffe und U-Boote benutzt werden und in Situationen, in denen der Einsatz von Torpedos gefährlich sein könnte, wenn zum Beispiel verbündete Seestreitkräfte in der Nähe sind. Von der Mk.11-Wasserbombe gibt es drei Varianten: die scharfe mit scharfem Füllsatz und echtem Zünder, die Drillvariante mit unscharfem Füllsatz und Zünder für die Ausbildung von Waffenwarten und die Übungsvariante, ebenfalls unscharf, für Übungsabwürfe von Flugzeugen aus. Die Mk.11-Wasserbombe ist bei der englischen und weltweit bei anderen Flotten im Einsatz.

Links: *Eine Mk.11-Wasserbombe an einer Sea King der Royal Navy.*

SEEZIELBEKÄMPFUNG

Hersteller:	Raytheon (Hughes)/Aerojet
Land:	USA
Durchmesser:	32 cm
Länge:	2,60 m
Gewicht:	231 kg
Höchstgeschwindigkeit:	72 km/h
Reichweite:	11 km

Die Entwicklung des Mk.46-Leichttorpedos begann Ende der 50er Jahre bei Aerojet, um den Mk.44 zu ersetzen, der der Bedrohung neuer und schnellerer U-Boote, die zudem tiefer tauchen konnten, nicht mehr gewachsen war. Der Mk.46-Torpedo war erheblich schneller als der Mk.44. Von ihm gab es im Zuge der Weiterentwicklung mehrere Modelle; derzeit ist Mod 5 im Einsatz.

Bei Mod 1 wurde der Feststoff-Antrieb durch flüssigen Antrieb ersetzt. Zu den Verbesserungen von Mod 2 zählten Anpassungen an das Angriffssystem der Hubschrauber; die meisten Mod 1 wurden entsprechend nachgerüstet. Mod 3 ging nicht in Serie. Mod 4 bewaffnete die Mk.60-Captor-Minen, die in Gebieten vermuteter U-Boot-Aktivität festgemacht wurden: Wenn ein U-Boot entdeckt wurde, wurde der Torpedo abgefeuert. Er hatte einen verbesserten Sucher und einen neuen Lenkrechner.

Zudem verfügte er über einen Zweistufenmotor, der in der Suchphase langsam lief und beim Angriff beschleunigte; er verdoppelte auch die Reichweite. Viele Mod 2 wurden entsprechend nachgerüstet. Er sollte die Lücke bis zur Einführung des Mk.50 Barracuda füllen. Da eine Zeit lang keine neuen Torpedos hergestellt wurden, vermarktete Raytheon überschüssige und verbesserte Mk.46. Der Mk.46-Torpedo konnte eingesetzt werden von Atlantic, AS.212, CASA 212 und 235, Fokker 50, P-3, S-70, SH-2G, US SH-3 und Sea King. Er wurde in großer Zahl exportiert und könnte noch bei den Streitkräften von Deutschland, Frankreich, Griechenland, Italien, Kanada, Norwegen, Portugal, Spanien, der Türkei und der USA im Einsatz sein.

Der Mk.46-Leichttorpedo ist noch immer weltweit im Einsatz

TYP: SEEMINEN MK.52, 55, 56 UND 57

Hersteller:	Unbekannt
Land:	USA
Gewicht:	454 kg

Die Serie der Mk.50-Seeminen wurde in den 50er Jahren als Grundmine gegen Schiffe und U-Boote entwickelt und extensiv im Vietnamkrieg eingesetzt. Sie hatten eine Vielzahl von Zündsystemen, sind jetzt aber für den Einsatz zu veraltet; einige wurden für die Ausbildung modifiziert. Der Sprengsatz der Kontaktmine Mk.52 wurde entfernt und durch Beton ersetzt, um seinen Auftrieb zusammen mit einiger Instrumentierung zu erhalten. Eine Spule in der Mine entdeckt Magnetfelder und ein Hydrophon reagiert auf Geräusche. Der Zündmechanismus wurde ebenfalls entfernt und durch einen pyrotechnischen Rüstsatz ersetzt, der automatisch zur Wasseroberfläche auftaucht und farbigen Rauch erzeugt, der anzeigt, dass die Mine Kontakt hatte. Wenn die Mine in einer vorgegebenen Zeit nicht aktiviert wird, treibt ein Schwimmer nach oben, mit dem man sie ohne Taucher bergen kann. Von der Mk.52 gibt es drei Modelle. OA-03B hat ein Mk.10- oder Mk.20-Heck. OA-06B hat einen Mk.19-Bug und ein Mk.19-Heck; beide tragen Fallschirme. OA-05E ist die Basismine, die von Schiffen gelegt wird; sie ist normalerweise weiß mit goldgelben Streifen. Die Mk.52-Seemine kann von B-52H, P-3C und F/A-18 abgeworfen oder von Schiffen gelegt werden.

Mk.52-Kontaktminen im Bombenschacht einer B-52 vor einer Übung.

TYP: QUICKSTRIKE-SEEMINEN MK.62, 63, 64 UND 65

Quickstrike-Seeminen in Produktion bei Aerojet.

Hersteller:	Aerojet
Land:	USA
Durchmesser:	53,3 cm
Länge:	3,25 m
Gewicht:	908 kg

Die Mk.62-Mk.64-Quickstrike-Seeminen für Flachwasser wurden von Aerojet aus den Mk.82-Mk.84-Bomben entwickelt. Nur die Mk.65 wurde speziell als Seemine entwickelt. Die Quickstrike-Minen ersetzten die Seeminen Mk.36, Mk.40 und Mk.41, die ebenfalls aus Bomben für den Vietnamkrieg entwickelt worden waren. Bei Kriegsende überließen die USA den Vietnamesen für die Kampfmittelbeseitigung Einzelheiten der Zündmechanismen, folglich mussten neue Zünder geschaffen werden. Die Quickstrike-Seeminen ersetzten auch die Minen der Mk.50-Serie, da auch deren Zündermechanismen den Vietnamesen offen gelegt worden waren. Aufgrund ihrer Standard-Bombenschlösser können die Quickstrike-Minen von den meisten US-Kampfflugzeugen mitgeführt werden, so auch von B-1, B-52, F-14, F/A-18 und P-3.

TYP: LENKFLUGKÖRPER MARTE 2/A

Hersteller:	MBDA (Alenia Marconi Otomelara)
Land:	Italien
Durchmesser:	32 cm
Spannweite:	98 cm
Länge:	3,78 m
Gewicht:	270 kg
Reichweite:	25+ km

Sistel begann Ende der 60er Jahre mit der Entwicklung des Luft-Boden-Lenkflugkörpers Marte. Da sich die Entwicklung verzögerte, ging der Flugkörper erst 1977 in Produktion. Der Seeziel-Flugkörper Marte 2 wurde in den 80er Jahren entwickelt; er

Der Seeziel-Lenkflugkörper Marte 2/A.

kann von Schiffen (2/N), von Hubschraubern (2/S) und von leichten Kampfflugzeugen wie der AMX (2/A) eingesetzt werden. Das Hubschraubermodell hat einen Beschleunigungsmotor, der es schnell auf Geschwindigkeit bringt; seine Länge beträgt 4,8 m. Der Marte 2 ist eine autonome Waffe, die automatisch zum Ziel fliegt mit Informationen, die sie beim Abschuss erhielt; das Trägerflugzeug kann somit abdrehen. In der Endphase des Angriffs wird ihr Radar aktiviert und schaltet sich auf das Ziel. Marte 2 steht derzeit bei der italienischen Marine im Dienst und kann von SH-3D sowie NH-90 und EH.101 eingesetzt werden.

TYP: LENKFLUGKÖRPER SEA EAGLE

Hersteller:	MBDA (BAe)
Land:	Großbritannien
Durchmesser:	40 cm
Spannweite:	1,20 m
Länge:	4,14 m
Gewicht:	600 kg
Höchstgeschwindigkeit:	Mach 0,85
Reichweite:	110 km

Der Seeziel-Lenkflugkörper Sea Eagle wurde Ende der 70er Jahre von British Aerospace als Nachfolger des MARTEL entwickelt. Mitte der 80er Jahre wurde er in Dienst gestellt. Der Sea Eagle benutzt dieselbe Zelle wie der MARTEL, hat am Bauch aber einen Lufteinlauf, da er von einem Mantelstromtriebwerk anstatt vom Feststoffmotor des Martel angetrieben wird. Er kann im Tiefstflug angreifen und benutzt

Trägheitsnavigation und ein aktives Pulsradar, das in der Endphase des Angriffs aktiviert wird. Er ist mit einem panzerbrechenden Gefechtskopf bewaffnet, dessen Zünder sicherstellt, dass er erst im Schiffsinneren explodiert. Der Sea Eagle wurde jüngst grundlegend überarbeitet, was seine Fähigkeiten deutlich verbessern und seine Wirksamkeit auf viele Jahre sichern wird. Der Sea Eagle war ursprünglich von Buccaneer der RAF und Sea Harrier der RN eingesetzt worden, kann jetzt aber auch von Tornado mitgeführt werden. Eine Hubschraubervariante mit Beschleunigungsmotor wurde für Indien für den Einsatz durch seine Sea King entwickelt.

Der Seeziel-Lenkflugkörper Sea Eagle an einer Sea Harrier, die zum Selbstschutz auch noch AIM-9L Sidewinder mitführt.

Hersteller:	MBDA (Matra/BAe Dynamics)
Land:	Großbritannien
Durchmesser:	25 cm
Spannweite:	72 cm
Länge:	2,50 m
Gewicht:	147 kg
Reichweite:	15+ km

Sea Skua wurde Mitte der 70er Jahre von British Aerospace als Seeziel-Lenkflugkörper entwickelt und kann vom Schiff oder vom Hubschrauber aus eingesetzt werden. Obwohl er damals noch erprobt wurde, wurde eine Anzahl Sea Skua während des Unternehmens Corporate zu den Falkland-Inseln mitgenommen. Zwei Angriffe durch Lynx-Hubschrauber der RN, die jeweils zwei Sea Skua in Salven abfeuerten, versenkten oder beschädigten argentinische Kriegsschiffe trotz verheerenden Wetters. Im ersten Golfkrieg wurden insgesamt 15 irakische Schiffe mit diesen Lenkflugkörpern versenkt oder schwer beschädigt. Vor dem Abschuss wird das Ziel vom Bordradar des Hubschraubers beleuchtet und der Flugkörper schaltet sich automatisch auf. Nach dem Abschuss fliegt Sea Skua im Tiefstflug mit hoher Unterschallgeschwindigkeit zum Ziel und in einer vorbestimmten Entfernung vom Ziel steigt sie auf Zielerfassungshöhe und trifft. Neben den Lynx der RN wird Sea Skua auch von den Lynx anderer Marinen mitgeführt, zudem setzen die Sea King der deutschen Marine und die AB-212 der türkischen Marine Sea Skua ein.

Der Seeziel-Lenkflugkörper Sea Skua an einer Lynx der Royal Navy.

Hersteller:	MBDA (BAe/Marconi)
Land:	Großbritannien
Durchmesser:	35,4 cm
Länge:	2,60 m
Gewicht:	265 kg
Höchstgeschwindigkeit:	64+ km/h

Die Entwicklung des leichten Torpedos Sting Ray begann Mitte der 70er Jahre, um eine luftgestützte Waffe zu schaffen, die U-Boote sowohl in flachem als auch in tiefem Wasser bekämpfen konnte. 1985 wurde Sting Ray von den britischen Streitkräften in Dienst gestellt und war der erste Torpedo mit Haftladungs-Gefechtskopf. Wie bei panzerbrechen-

Oben: *Sting-Ray-Torpedo im Bombenschacht eines Nimrod-Seepatrouillenflugzeugs.*

den Waffen erzeugt die Haftladung einen Strahl geschmolzenen Kupfers, der den Bootsrumpf durchdringt. Mitte der 90er Jahre erschien ein verbessertes Modell. Die Originalmodelle wurden als Mod 0 bezeichnet, die verbesserten als Mod 1. Äußerlich sind sich beide ähnlich, aber zu den Verbesserungen zählen höhere Empfindlichkeit, Autopilot, Trägheitsnavigation und eine neue digitale Signalverarbeitungsanlage. Sting Ray wird von Nimrod der RAF und Lynx, Merlin und Sea King der RN eingesetzt. Zu den Exportkunden zählt auch die norwegische Luftwaffe.

Ein Sting-Ray-Torpedo auf einem Transportkarren. Die Lenkflugkörper daneben und am Lynx-Hubschrauber dahinter sind Sea Skua. Diese beiden Waffen sind die Hauptbewaffnung der Lynx, allerdings können auch andere mitgeführt werden.

TYP: SEEMINE STONEFISH

Hersteller:	BAe Systems (GEC Marconi)
Land:	Großbritannien
Durchmesser:	53,3 cm
Länge:	2,50 m
Gewicht:	990 kg

Stonefish wurde Ende der 80er Jahre als Seemine gegen U-Boote und Schiffe von Marconi Underwater Systems entwickelt. Sie kann von Flugzeugen, Schiffen und U-Booten aus gelegt werden. Da er aus Modulen besteht, kann der Gefechtskopf unterschiedlich zusammengesetzt werden und – je

nach Bedarf – 100 bis 600 kg Sprengstoff enthalten. Eine kleinere inerte Übungsvariante der Stonefish (1,90 m lang) ermöglicht eine realistische Ausbildung bei Minensuch- und Minenräumeinsätzen und kann sogar nach der Übung die Effektivität der Teilnehmer aufzeigen. Nach Beendigung der Übung empfängt die Übungsmine ein Signal, das sie automatisch an die Oberfläche zur Bergung auftauchen lässt. Nach kurzer Bearbeitung kann sie dann wieder eingesetzt werden. Vom Stonefish wurde auch eine Übungsvariante für Waffenwarte gebaut. Die Seemine steht bei den britischen Streit-

Oben: *Die Seemine Stonefish kann von einer C-130 Hercules abgeworfen werden.*

Rechts: *Die 100-kg- und 300-kg-Gefechtskopfmodule der Seemine Stonefish.*

kräften im Dienst und kann von Hercules oder Nimrod und auch von Schiffen aus eingesetzt werden; sie wurde auch an andere Länder geliefert.

Hersteller:	SAT/NAWC
Land:	USA
Durchmesser:	25,4 cm
Spannweite:	1,13 m
Länge:	4,18 m
Gewicht:	366 kg
Höchstgeschwindigkeit:	Mach 2+
Reichweite:	18,5 km

Der verbesserte Radarbekämpfungs-Lenkflugkörper AARGM wurde vom Naval Air Systems Command sowie von Science and Applied Technology Inc. als Systemnachfolger für den Lenkflugkörper HARM entwickelt. Der AARGM hat einen Multisensor-Suchkopf, der breitbandig Strahlungsquellen sucht und ansteuert. Er arbeitet mit INS/GPS und hat einen aktiven MMW-Sucher für die Endphasensteuerung, der zwischen tatsächlichen Zielen und reflektierter Strahlung unterscheiden und auch angreifen kann, wenn der Zielsender abgeschaltet wurde. AARGM wurde in der Zelle des HARM erprobt und erstmalig im März 2000 abgefeuert. Die Produktion beginnt mit etwa 1700 Umrüstsätzen für die USN, wenn die Herstellung 2006 startet. Da ein ähnlich aussehender Suchkopf verwendet wird, wird man AARGM von HARM äußerlich nicht mehr unterscheiden können. Der AARGM-Sucher passt jedoch mit einem Durchmesser von nur 18 cm auch in andere Lenkflugkörper. Das abgebildete Modell ist eine Konzeptstudie für die nächste Generation weit reichender Lenkflugkörper. Sie wird von einem Staustrahltriebwerk angetrieben und verleiht dem AARGM eine höhere Geschwindigkeit, eine größere Reichweite und und eine gesteigerte Wendigkeit in der Schlussphase. Zudem kann der neue Lenkflugkörper von zukünftigen Tarnkappen-Flugzeugen auch im Bombenschacht mitgeführt werden. Man sagt, dass dieses Modell des AARGM eine Reichweite von 185 km habe und Mach 4 erreiche.

Der AARGM wird noch in vorhandene HARM-Lenkflugkörper eingebaut, aber es wurde schon eine verbesserte und weiter reichende Version entwickelt, die ihn aufnimmt.

Hersteller:	SAGEM
Land:	Frankreich
Länge:	3 m
Gewicht:	340 kg
Reichweite:	60 km

Das Bodenziel-Lenksystem AASM ist ein von SAGEM entwickelter Rüstsatz, mit dem eine Reihe von Bomben der Luftwaffe und der Marine bestückt werden kann. AASM ergänzt Apache, der gegen stark verteidigte, großflächige und wichtige Ziele eingesetzt wird, während AASM Gefechtsfeldziele wie Panzer und SAM-Batterien angreift. Es wird zudem die Bestände an AS.30L verstärken.

Zunächst umfasst der AASM-Kontrakt 3000 Rüstsätze für die 250-kg-Bombe; das können Standard-Mk.82-Bomben sein oder die BLU-111 und CBEM der Marine. Diese Menge wurde auf zwei Varianten

verteilt: die Allwetterklasse, die nur INS und GPS hat, und die Tag-/Nachtklasse mit zusätzlichem IR-Sucher. Weitere Varianten werden voraussichtlich Strahlungsquellen bekämpfen oder Bomblets tragen sowie Durchschlagsbomben von 400 bis 1000 kg. Das Lenksystem AASM wird von Mirage 2000D und Rafale mitgeführt und von der Luftwaffe und der Marine Frankreichs eingesetzt. Da die Anschlüsse jedoch NATO-Standards entsprechen, könnte es durchaus auch exportiert werden, nachdem 2005 die Auslieferung anlief.

Die Varianten des Lenksystems AASM verwenden entweder INS/GPS oder zusätzlich einen Infrarot-Suchkopf, um ihr Ziel zu treffen.

SEEZIEL-LENKFLUGKÖRPER ANF

Hersteller:	Aérospatiale Matra
Land:	Frankreich
Länge:	5,8 m
Höchstgeschwindigkeit:	Mach 2,5
Reichweite:	150+ km

Die Seezielwaffe ANF ist das neueste einer Serie von Entwicklungsprogrammen, die darauf abzielen, eine neue Generation von Seeziel-Lenkflugkörpern zu schaffen, die die Exocet ablöst. Die Konstruktion des ANF ist für die Seezielbekämpfung optimiert und arbeitet mit einem aktiven Endphasen-Radarsucher; möglich ist jedoch auch, dass später die Angriffsfähigkeit auf Landziele hinzukommt. Der ANF wird von einem Staustrahltriebwerk angetrieben, das bereits gebaut und im Vesta-Programm erprobt wurde.

Der Seeziel-Lenkflugkörper ANF ersetzt die Exocet.

ANTIRADAR-LENKFLUGKÖRPER ARMIGER

Hersteller:	Bodenseewerk Gerätetechnik (BGT)
Land:	Deutschland
Durchmesser:	20 cm
Länge:	4 m
Gewicht:	220 kg
Höchstgeschwindigkeit:	Mach 2-3
Reichweite:	200 km

Der ARMIGER ist ein Lenkflugkörper zur Bekämpfung von Strahlungsquellen, der mit einer Kombination von INS/GPS und RF/IIR-Sucher arbeitet, um Radarstrahlen aufzuspüren. Er kann den Angriff auch ohne weitere Abstrahlungen beenden. Seine Entwicklung bestand zunächst aus dem deutsch-französischen Projekt Aramis, aber nach dem Ausstieg

Frankreichs wurde es von BGT allein weitergeführt und der Name änderte sich in ARMIGER (Anti-Radiation Missile with Intelligent Guidance and Extended Range). Mit der CEM von nur 1 m kann er treffsichere Angriffe auf Radarstellungen selbst in bebauten Gebieten durchführen, ohne dabei Kollateralschäden zu verursachen. Bisher waren solche Einrichtungen wegen der Wahrscheinlichkeit ziviler Verluste nur schwierig zu bekämpfen. Zudem kann wegen der Genauigkeit des ARMIGER ein kleinerer Gefechtskopf verwendet werden, der trotzdem die gleiche Vernichtungskraft aufbringt. ARMIGER ist daher kleiner als viele frühere ARM, folglich kann ein Flugzeug nun mehr davon mitführen. ARMIGER soll die Lenkflugkörper HARM ersetzen, die die ECR-

Tornado der deutschen Luftwaffe mitführen. Wegen ihres geringeren Gewichts können vier ARMIGER anstelle der bisher zwei HARM mitgeführt werden.

Der Lenkflugkörper Armiger benutzt einen RF-/IIR-Sucher sowie INS/GPS, um Radarstellungen auf Entfernungen über 100 km präzise zu treffen.

TYP: PANZERABWEHR-LENKFLUGKÖRPER ATGW-3LR TRIGAT

Hersteller:	Daimler-Benz/Euromissile
Land:	Deutschland/Frankreich
Durchmesser:	15,9 cm
Spannweite:	43 cm
Länge:	1,60 m
Gewicht:	49 kg
Reichweite:	5 km

TRIGAT ist ein Panzerabwehr-Lenkflugkörper der dritten Generation. Seine Entwicklung begann Mitte der 70er Jahre, als Deutschland, Frankreich und Großbritannien gemeinsam an einer neuen Panzerabwehrwaffe arbeiteten, die ihre bisherigen Waffen ablösen sollte: HOT, MILAN, Swingfire und TOW. Um das zu erreichen, arbeitete man an drei Varianten: am ATGW-3MR TRIGAT, einem tragbaren Lenkflugkörper, einem fahrzeuggestütztem System größerer Reichweite und am ATGW-3LW TRIGAT, der Hubschraubervariante. TRIGAT verwendet einen IR-Bildsucher, um sein Ziel zu entdecken und zu identifizieren. Zur Zielauffassung benutzt der Bordschütze das am Mast angebrachte TV- oder IR-Visier, danach untersucht das System die Möglichkeit der Zerstörung mit einem einzigen Schuss, sodass der Bordschütze sicher sein kann, sein Ziel auch zu vernichten.
Nach der Aufschaltung verfolgt TRIGAT das Ziel automatisch. Dann kann der Flugkörper abgefeuert werden – wenn mehrere Ziele vorhanden sind, su-

Oben: *Modell des Lenkflugkörpers ATGW-3LR TRIGAT.*

chen sich bis zu vier TRIGAT ihre Ziele und werden als Salve abgeschossen. Obwohl die Erprobung erfolgreich verlief, zogen sich die britischen und die französischen Streitkräfte aus dem Projekt zurück. Dennoch begann 2003 die Produktion für das deutsche Heer. Belgien und Holland sind ebenfalls an TRIGAT interessiert.

Rechts: *Ein Vierfach-Startgerät für den Panzerabwehr-Lenkflugkörper TRIGAT.*

TYP: BOMBEN-DURCHSCHLAGSGEFECHTSKOPF BROACH

Hersteller:	BAe Systems/Ro Defence
Land:	Großbritannien

Der Bomben-Durchschlagsgefechtskopf BROACH ist ein Zusatzgefechtskopf, der – an Standardbomben angebracht – Angriffe auf gehärtete Ziele im Tiefflug ermöglicht. Dazu würde man sonst eine Munition wie BLU-109 brauchen, die aber muss aus größerer Höhe abgeworfen werden, um die not-

Der Gefechtskopf BROACH kann an vielen Waffensystemen angebracht werden, um ihre Durchschlagskraft zu erhöhen; hier ist er an Paveway III zu sehen.

wendige kinetische Energie für die gleiche Durchschlagskraft zu entwickeln. BROACH schießt einen Strahl geschmolzenen Kupfers in das Ziel, der es stark beschädigt und die Struktur vor dem Aufprall der eigentlichen Bombe schwächt. Mit BROACH können viele vorhandene Bomben ausgerüstet werden einschließlich der Laserbomben Paveway II und III. BROACH wird zusammen mit APACHE, SCALP-EG und Storm Shadow sowie einer Anzahl weiterer Bomben eingesetzt.

Hersteller: MBDA (Alenia Marconi)
Land: Großbritannien

Diamond Back ist ein Reichweitenrüstsatz, dessen Entwicklung Mitte der 90er Jahre begann, um damit die Reichweite antriebsloser Präzisionswaffen zu erhöhen. Er wird unter der Waffe angebracht und seine Tragflächen bleiben eingeklappt, solange er am Trägerflugzeug hängt. Sobald die Waffe ausgeklinkt wird, entfalten sie sich zur Form einer Diamantenfacette. Bei der Erprobung erhöhte der

Nach dem Abwurf entfalten sich die Tragflächen von Diamond Back zu einer ungewöhnlichen, aber stabilen Diamantform – sie übersteht auch den Abwurf im Überschallbereich.

Der Rüstsatz Diamond Back an einer JDAM während der Erprobung mit einer F-16 Fighting Falcon.

Rüstsatz die Standardreichweite einer 908-kg-GBU-31-JDAM von 18,5 km auf 65 km, wenn sie von einer F-16 in 7600 m Höhe abgeworfen wurde. Es ist geplant, eine Reihe von Diamond-Back-Rüstsätzen anzubieten, um damit vielen vorhandenen und zukünftigen Freifall- und Gleitbomben einen sichereren Abstand zum Ziel zu verschaffen.

<table>
<tr><td>TYP:</td><td>LUFTZIEL-LENKFLUGKÖRPER IRIS-T</td></tr>
</table>

Hersteller:	Bodenseewerk Gerätetechnik (BGT)/ Alenia Marconi
Land:	Deutschland/Griechenland/Italien/ Kanada/Norwegen/Schweden
Durchmesser:	12,7 cm
Spannweite:	35 cm
Länge:	3 m
Gewicht:	87 kg
Reichweite:	12 km

Deutschland hatte sich zunächst aus dem ASRAAM-Programm zurückgezogen. Nach Wiedervereinigung und Bewertung der von der DDR zurückgelassenen MiG-29 und deren AA-11 (s. Seite 18f) jedoch musste man feststellen, dass die AA-11 den eigenen AIM-9L überlegen waren – so fiel die Entscheidung, einen eigenen, verbesserten Lenkflugkörper zu entwickeln. Der als Infra-Red Improved Sidewinder-TVC oder IRIS-T bezeichnete Lenkflugkörper kurzer Reichweite wurde von BGT konstruiert. Die Firma hat darin Erfahrung: Sie hatte bereits den Lenkflugkörper AIM-9L Sidewinder in Lizenz gebaut. Wie die französische MICA hat IRIS-T lange Tragflächen am Rumpf, um aber die Kompatibilität mit der Sidewinder zu sichern, hat sie gleiche Schnittstellen sowie Masse, Länge, Durchmesser und Schwerpunkt der AIM-9L. Die aerodynamische Steuerung wird durch Heckflossen und Schubvektorsteuerung erzielt. Die neue Waffe hat einen weiten Auffassungswinkel und BGT hofft, dass sie für derzeitige Sidewinder-Kunden attraktiv ist. Die Kompatibilität mit der Sidewinder scheint sich auszuzahlen, denn 1998 wurde eine gemeinsame Regierungsvereinbarung von Deutschland, Griechenland, Italien, Kanada, Norwegen und Schweden unterzeichnet mit der Absicht, Entwicklung und Produktion fortzusetzen. Darüber hinaus zeigen Dänemark, Holland, Portugal, Spanien und die Türkei Interesse. Der IR-Sucher hat einen Suchwinkel von ±90°, der sich auf ±180° erweitert, wenn ein Helmvisier verwendet wird: Das wurde mit einer holländischen F-16 erfolgreich erprobt. Erprobungen des Suchers in der Zelle einer Sidewinder haben bestätigt, dass IRIS-T überlegene Auffassungs- und Ver-

folgungs-Fähigkeiten aufweist: Beim Abschuss von zwei IRIS-T auf Zieldrohnen von nur 25 cm Durchmesser im Ablagewinkel von über 50° wurden zwei direkte Treffer erzielt. Derzeit ist beabsichtigt, IRIS-T einzusetzen mit AMX, CF-18, F-16, JAS 39 Gripen, Tornado und Jäger 90/Taifun. Vorgesehen ist eine Produktion von etwa 4000 IRIS-T, 2500 davon für die deutsche Luftwaffe.

IRIS-T soll die AIM-9 Sidewinder in vielen Streitkräften der NATO ersetzen.

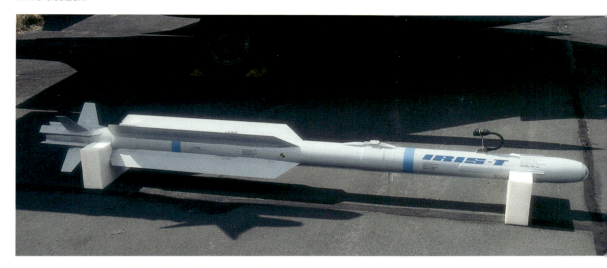

TYP: BOMBEN-REICHWEITENRÜSTSATZ LONGSHOT

Hersteller: Leigh Aerosystems
Land: USA

Longshot ist ein unabhängiger Rüstsatz, mit dem Bomben ausgerüstet werden, um sie mit größerer Reichweite und Steuerung zu versehen. Der Longshot wird auf der Bombe am normalen Bombenschloss befestigt. Er hat die Standardaufhängung der NATO und kann somit von den meisten westlichen Kampfflugzeugen mitgeführt werden. Ein Datenkanal ist nicht erforderlich – Einstellungen am Longshot werden mit einem Kniebrett über Funk durchgeführt. Auf gleiche Weise können Einstellungen auch vom Boden aus durchgegeben werden.

Longshot ist ein weiterer Reichweitenrüstsatz für Bomben – hier an einer CBU-97/B.

LUFTZIEL-LENKFLUGKÖRPER METEOR

Hersteller:	MBDA (Matra BAe Dynamics)
Land:	International
Länge:	3,65 m
Gewicht:	195 kg
Höchstgeschwindigkeit:	Mach 4+
Reichweite:	100+ km

British Aerospace schlug den Meteor vor, um einer Forderung der RAF von 1996 nach einem Luftziel-Lenkflugkörper für Ziele außerhalb der Sichtweite (BVRAAM) für den Jäger 90/Taifun (Eurofighter) nachzukommen. Dabei ergab sich eine harte Konkurrenz mit dem Luftziel-Lenkflugkörper der Zukunft mit mittlerer Reichweite (FMRAAM) von Raytheon, der auf der AIM-120 AMRAAM beruhte. Im Mai 2000 wurde der Meteor für die RAF ausgewählt und seine Entwicklung läuft, seine Finanzierung wurde wie folgt aufgeteilt: Großbritannien 35%, Deutschland 25%, Italien 12%, Schweden 12%, Frankreich 10% und Spanien 6%. Der Meteor wird von einem Staustrahltriebwerk mit variablem Durchfluss angetrieben, das ihm eine Reichweite von über 100 km bei mehr als Mach 4 verleiht. Er wird mit Annäherungs- und Aufschlagzündern und

Meteor wird der neue Lenkflugkörper der NATO für Luftziele außerhalb der Sichtweite; er wird etwa 2008 in Dienst gestellt und bewaffnet die Jäger der neuen Generation.

mit einem Splittergefechtskopf ausgerüstet werden. 2008/10 wird er in Dienst gestellt und zunächst von JAS 39 Gripen, Mirage 2000, Rafale und Eurofighter Taifun eingesetzt werden; danach ist er für den Einsatz durch die meisten modernen Kampfflugzeuge vorgesehen.

SEEZIEL-LENKFLUGKÖRPER NSM

Hersteller:	Kongsberg
Land:	Norwegen
Spannweite:	1,40 m
Länge:	1,40 m
Gewicht:	410 kg
Höchstgeschwindigkeit:	Hoher Unterschallbereich

Der weit reichende Seeziel-Lenkflugkörper NSM kann von Schiffen und Bodenplattformen sowie von Hubschraubern aus eingesetzt werden, wie hier vom NH-90.

Der NSM (New Surface Missile) wurde als Seeziel-Lenkflugkörper für die norwegischen Schnellboote und Fregatten entwickelt, zusammen mit der französischen Firma Matra und den deutschen Firmen LFK und TDW. Der NSM hat eine große Reichweite, und obwohl er zunächst nur von Schiffen und Küstenbatterien eingesetzt werden sollte, erlaubt seine Mehrzweckplattform auch den Einsatz von Hubschraubern aus. Er arbeitet mit einem hoch auflösenden Passivbild-IR-Sucher, der Ziele unterscheiden

und auswählen kann, was ihn in geschlossenen wie offenen Gewässern effektiver macht. Der NSM kann auch gegen Landziele eingesetzt werden. Er hat eine geringe Radar-Rückstrahlung und kann über Wasser extrem tief fliegen, folglich ist er nur schwer zu entdecken. Bei einem sehr wichtigen Ziel kann er in Salven abgefeuert werden, dabei wird die Zeit im Ziel so koordiniert, dass dessen Verteidigung saturiert wird. Der NSM wird voraussichtlich um 2007 in Dienst gestellt.

TYP: MEHRZWECK-LENKFLUGKÖRPER POLYPHEM/TRIFOM

Hersteller:	MBDA
Land:	Deutschland/Frankreich/Italien
Länge:	3 m
Gewicht:	145 kg
Reichweite:	60+ km

Der Polyphem ist ein Programmentwurf für einen Mehrzweck-Lenkflugkörper, der von Land oder See

Der Polyphem ist ein weit reichender, aber trotzdem drahtgelenkter Mehrzweck-Lenkflugkörper.

aus sowie aus der Luft eingesetzt werden kann, um Land- oder Seeziele anzugreifen; zudem dient er als Aufklärungsdrohne. Seine Entwicklung begann bei Aérospatiale Matra und LFK; 1994 begann ein Technologie-Demonstrationsprogramm. Polyphem ist ungewöhnlich: Trotz seiner großen Reichweite (60+ km) wird er mit einem faseroptischen Kabel gesteuert, das zugleich Bilder übertragen kann und ihn gegen elektronische Störungen immun macht. Derzeit geht man davon aus, dass Polyphem 2007 in Dienst gestellt wird.

Verzeichnis der Abkürzungen

3PI   *Pre-Planned Product Improvement*
Geplante Produktverbesserung

AARGM   *Advanced Anti-Radar Guided Missile*
Verbesserter Radarbekämpfungs-Lenkflug-körper

AASM   *Armament Air-Sol Modulaire*
Bodenziel-Bombenlenksystem

ACM   *Advanced Cruise Missile*
Zukunftsweisender Marschflugkörper

AFB   *Air Force Base*
Fliegerhorst

AFDS   *Autonomous Free-flight Dispenser System*
Autonomer Bündelwaffen-Abwurfbehälter

AL   *Aircraft Launched*
Luftgestützt

ALCM   *Air-Launched Cruise Missile*
Luftgestützter Marschflugkörper

AMRAAM   *Advanced Medium-Range Air-to-Air Missile*
Moderner Luftziel-Lenkflugkörper mittlerer Reichweite

ANF   *Anti-Navire Futur*
Künftige Seezielwaffe

APACHE   *Arme Propulsée A CHarges Éjectables*
Streuwaffen-Abstandswaffe

APC   *Armoured Personnel Carrier*
Schützenpanzer

ARW   *Anti-Runway Weapon*
Startbahnbrecher

ARH   *Anti-Radiation Homing*
Strahlungsquellen-Ansteuerung

ARM   *Anti-Radiation Missile*
Lenkflugkörper zur Bekämpfung von Strahlungsquellen

ARMIGER   *Anti-Radiation Misssile with Intelligent Guidance and Extended Range*
Lenkflugkörper großer Reichweite zur Bekämpfung von Strahlungsquellen mit intelligenter Steuerung

ASMP   *Air-Sol Moyenne Portée*
Bodenziel-Lenkflugkörper mittlerer Reichweite

ASRAAM   *Advanced Short-Range Air-to-Air Missile*
Moderner Luftziel-Lenkflugkörper kurzer Reichweite

ASW   *Anti-Submarine Warfare*
U-Boot-Abwehr

AT   *Anti-Tank*
Panzerabwehr

ATAM   *Air-To-Air Mistral*
Luftziel-Lenkflugkörper Mistral

ATASK   *Air-To-Air Starstreak*
Luftziel-Lenkflugkörper Starstreak

BAP   *Bombe Accélérée de Pénétration*
Startbahnbrecher

BGL   *Bombe à Guidage Laser*
Lasergelenkte Bombe

BGT   Bodenseewerk Gerätetechnik

BIA   *Bomb Impact Assessment*
Festsetzung des Bombenaufschlagpunktes

BLU   *Bomb Live Unit*
Bombenkörper

BROACH   *Bomb Royal Ordnance Augmented CHarge*
Bomben-Durchschlagsgefechtskopf

BVRAAM   *Beyond Visual Range Air-to-Air Missile*
Lenkflugkörper für Luftziele außer Sichtweite

CALCM   *Conventional Air-Launched Cruise Missile*
Konventioneller luftgestützter Marschflug-körper

CAP   *Combat Air Patrol*
Sperrflug

CBLS   *Carrier Bomb Light Store*
Leichtes Bombengeschirr

CBU   *Cluster Bomb Unit*
Streuwaffenbehälter

CEB   *Combined Effects Bomblets*
Kleinbomben kombinierter Wirkung

CEM   *Combined Effects Munition*
Munition kombinierter Wirkung

CWW   *Cruciform Wing Weapon*
Bombe mit kreuzförmigem Leitwerk

EFP   *Explosively Formed Penetrator*
Hochenergie-Durchschlagsgeschoss

EG   *Emploi Général*
Mehrzweck

EOD   *Explosive Ordnance Demolition*
Kampfmittelbeseitigung

FFAR   *Fin Folding Aircraft Rocket*
Luftkampfrakete mit Faltleitwerk

FMRAAM   *Future Medium-Range Air-to-Air Missile*
Luftziel-Lenkflugkörper der Zukunft mit mittlerer Reichweite

GBU   *Guided Bomb Unit*
Lenkbombe

GP   *General Purpose*
Mehrzweck

ANHANG

108

GPS	Global Positioning System Weltweites Ortungssystem	**MARTEL**	Missile Anti-Radar TÉLévision Fernsehgelenkter Radarbekämpfungs- Flugkörper
HARM	High-speed Anti-Radiation Missile Hochgeschwindigkeits-Radarbekämpfungs- Flugkörper	**MCDW**	Minimum Collateral Damage Weapon Waffe für begrenzte Kollateralschäden
HEAT	High Explosive Anti-Tank Panzerbrechender Sprengkörper	**MFBF**	Multi-Function Bomb Fuse Multifunktions-Bombenzünder
HL	Helicopter Launched Hubschraubergestützt	**MGW**	Modular Guided Weapon Modulgelenkte Waffe
HMP	Heavy Machine-gun Pod Gondel für schweres MG	**MICA**	Missile d'Interception et de Combat et d'Autodéfence Abfangs-, Luftkampf- und Selbstverteidigungs- Lenkflugkörper
HOT	Hautsubsonique Optiquement téléguidé tiré d'un Tube Optisch gelenkter, aus einem Rohr ver- schossener Flugkörper für den hohen Unterschallbereich	**MMS**	Mast-Mounted Sight Rotormast-Visier
		MMW	Milli Metric Wave Millimeterwelle
		MoU	Memorandum of Understanding Regierungsvereinbarung
IMI	Israel Military Industries Israelische Rüstungsindustrie (Rüstungskonzern)	**NBC**	Nuclear, Biological and Chemical Nuklear, biologisch und chemisch
INS	Inertial Navigation System Trägheitsnavigationssystem	**NSM**	New Surface Missile Neuer Bodenziel-Lenkflugkörper
IR	Infrared Infrarot	**PGM**	Precision Guided Munition Munition mit Präzisionslenkung
IRIS-T	Infra-Red Improved Sidewinder-TVC Sidewinder-Nachfolger mit verbessertem Infrarot	**PMTC**	Pacific Missile Test Centre Pazifische Lenkflugkörper-Erprobungsstelle
ITALD	Improved TALD Verbessertes TALD	**RAAF**	Royal Australian Air Force Königliche australische Luftwaffe
JASSM	Joint Air-to-Surface Stand-off Missile Gemeinsamer Bodenziel-Abstandslenk- flugkörper	**RAF**	Royal Air Force Königliche (britische) Luftwaffe
		RAM	Radar-Absorbing Material Radarabsorbierendes Material
JDAM	Joint Direct Attack Munition Gemeinsame Direktangriffsmunition	**RCB**	Runway Cratering Bomb Startbahnbrecher
JSF	Joint Strike Fighter Gemeinsames Angriffs-Kampfflugzeug	**RN**	Royal Navy Königliche (britische) Marine
JSOW	Joint Stand-Off Weapon Gemeinsame Abstandswaffe		
KEPD	Kinetic Energy Penetrator and Destroyer Kinetische Durchschlags- und Vernichtungs- waffe	**SAL**	Supersonic Aircraft Launched Einsatz im Überschallbereich
		SAM	Surface-to-Air Missile Flugabwehr-Lenkflugkörper
LANTIRN	Low Altitude Navigation and Targeting Infra-Red Night Tiefflugnavigations- und Zielzuweisungssystem für den IR-Nachteinsatz	**SAR**	Semi-Active Radar Halbaktives Radar
		SCALP	Système de Croisère conventionnel Autonome à Longue Portée de précision Konventioneller autonomer Marschflugkörper großer Reichweite
LGB	Laser-Guided Bomb Lasergelenkte Bombe		
LGTR	Laser-Guided Training Round Lasergelenkte Übungsbombe	**SEAD**	Suppression of Enemy Air Defences Ausschalten der feindlichen Luftverteidigung
MANPADS	Man-Portable Air Defence System Tragbares Flugabwehrsystem	**SFW**	Sensor-Fused Weapon Waffe mit Sensorzünder

SHORAD	*SHOrt Range Air Defence*	
	Luftverteidigung kurzer Reichweite	
SIDEARM	*SIDEwinder Anti-Radiation Missile*	
	Sidewinder-Lenkflugkörper gegen Strahlungs-quellen	
SLAM	*Stand-off Land Attack Missile*	
	Abstands-Lenkflugkörper für Landangriffe	
SUU	*Suspended Underwing Unit*	
	Tragflächen-Lastträger	
TALD	*Tactical Air-Launched Decoy*	
	Taktischer Täusch-Lenkflugkörper	
TIALD	*Thermal Imaging and Laser Designation*	
	Wärmebild und Laserbeleuchtung	
TMD	*Tactical Munitions Dispenser*	
	Taktischer Munitionsabwurfbehälter	
TOW	*Tube-launched, Optically tracked, Wire guided*	
	Rohrgestartet, optisch verfolgt und draht-gelenkt	
TRIGAT	*TRoisième Génération Anti-Tank*	
	Panzerabwehr der dritten Generation	
UAV	*Unmanned Air Vehicle*	
	Unbemanntes Luftfahrzeug, Drohne	
USAF	*United States Air Force*	
	US-Luftwaffe	
USMC	*United States Marine Corps*	
	US-Marineinfanteriekorps	
USN	*United States Navy*	
	US-Marine	
WAFAR	*Wrap Around Fin Air Rocket*	
	Luftkampfrakete mit Ringleitwerk	
WCMD	*Wind-Corrected Munition Dispenser*	
	Abdriftverhindernder Munitionsbehälter	
WSO	*Weapons Systems Operator*	
	Waffensystemoffizier	

Die folgenden Listen enthalten die Decknamen der NATO und des US-Verteidigungsministeriums für Waffen des ehemaligen Warschauer Paktes. Sie werden hier aufgeführt, da sie noch immer benutzt werden und geringe Mengen sich noch im Bestand der neuen NATO-Mitgliedsstaaten befinden. Das hier angeführte Decknamensystem wurde Anfang der 50er Jahre eingeführt und viele der Waffen sind bereits ausgemustert. Dass sie hier erwähnt werden bedeutet nicht, dass sie sich jetzt im Inventar der NATO befinden.

NATO-Decknamen für russische Luft-Luft-Lenkflugkörper

R-1	AA-1 Alkali
R-2	AA-1 Alkali
R-3	AA-2 Atoll
R-4	AA-5 Ash
R-8	AA-3 Anab
R-9	AA-4 Awl
R-13	AA-2 Atoll
R-23	AA-7 Apex
R-24	AA-7 Apex
R-27	AA-10 Alamo
R-30	AA-3 Anab
R-33	AA-9 Amos
R-37	AA-9 Amos
R-40	AA-6 Acrid
R-46	AA-6 Acrid
R-55	AA-1 Alkali
R-60	AA-8 Aphid
R-73	AA-11 Archer
R-74	AA-11 Archer
R-77	AA-12 Adder
R-98	AA-3 Anab
R-131	AA-2 Atoll

Russische Luft-Luft-Lenkflugkörper nach NATO-Decknamen

AA-1	Alkali	R-1, R-2, R-55
AA-2	Atoll	R-3, R-13, R-131
AA-3	Anab	R-8, R-30, R-98
AA-4	Awl	R-9
AA-5	Ash	R-4
AA-6	Acrid	R-40, R-46
AA-7	Apex	R-23, R-24
AA-8	Aphid	R-60
AA-9	Amos	R-33, R-37
AA-10	Alamo	R-27
AA-11	Archer	R-73, R-74
AA-12	Adder	R-77
AA-13	Arrow	R-37M

NATO-Decknamen für russische Luft-Boden-Lenkflugkörper

9M114	AS-8*
BL-10	AS-19 Koala
K-10	AS-2 Kipper
Kh-15	AS-16 Kickback
Kh-20	AS-3 Kangaroo
Kh-22 Burya	AS-4 Kitchen
Kh-23	AS-7 Kerry
Kh-25	AS-10 Karen
Kh-25MP	AS-12 Kegler
Kh-26	AS-6 Kingfish
Kh-27	AS-12 Kegler
Kh-28	AS-9 Kyle
Kh-29	AS-14 Kedge
Kh-31	AS-17 Krypton
Kh-35	AS-20 Kayak
Kh-55	AS-15 Kent
Kh-58	AS-11 Kitter
Kh-59 Ovod	AS-13 Kingbolt
Kh-59 M Ovod M	AS-18 Kazoo
Kh-65	AS-15 Kent
Kh-66 Grom	AS-7 Kerry
Kh-90	AS-19 Koala
KR-1	AS-17 Krypton
KS-1	AS-1 Kennel
KSR-2	AS-5 Kelt
KSR-5	AS-6 Kingfish
KSR-11	AS-5 Kelt
RKV-15	AS-16 Kickback
RKV-500	AS-15 Kent

* Umbenannt in AT-8

Russische Luft-Boden-Lenkflugkörper nach NATO-Decknamen

AS-1 Kennel	KS-1
AS-2 Kipper	K-10
AS-3 Kangaroo	Kh-20
AS-4 Kitchen	Kh-22 Burya
AS-5 Kelt	KSR-2, KSR-11
AS-6 Kingfish	Kh-26, KSR-5
AS-7 Kerry	Kh-23, Kh-66 Grom
AS-8	9M114*
AS-9 Kyle	Kh-28
AS-10 Karen	Kh-25
AS-11 Kitter	Kh-58
AS-12 Kegler	Kh-25 MP, Kh-27
AS-13 Kingbolt	Kh-59 Ovod
AS-14 Kedge	Kh-29
AS-15 Kent	Kh-55, RKV-500, Kh-65
AS-16 Kickback	Kh-15, RKV-15
AS-17 Krypton	Kh-31, KR-1
AS-18 Kazoo	Kh-59M Ovod M
AS-19 Koala	Kh-90, BL-10
AS-20 Kayak	Kh-35, Kh-37

NATO-Decknamen für russische Panzerabwehr-Lenkflugkörper

3M6 Shmel	AT-1 Snapper
9M14 Malyutka	AT-3 Sagger
9M17 Skorpion	AT-2 Swatter
9M112 Cobra	AT-8 Songster*
9M111 Faktoriya	AT-4 Spigot
9M114 Kokon	AT-6 Spiral
9M113 Konkurs	AT-5 Spandrel
9M114M1/2 Shturm 2/3	AT-9 Spiral 2
9M115/6 Metis	AT-13
9M117 Bastion	AT-10 Songster
9M119 Reflex	AT-11 Sniper
9M120 Vikhr/Ataka	AT-12 Swinger
9M120M Vikhr M	AT-16
9M121 Vikhr M	AT-16
9M123	AT-15
9M127	AT-15
9M131 Metis	AT-13
9M133 Kornet	AT-14

* Ursprünglich als AS-8 bezeichnet

Russische Panzerabwehr-Lenkflugkörper nach NATO-Decknamen

AT-1 Snapper	3M6 Shmel
AT-2 Swatter	9M17 Skorpion
AT-3 Sagger	9M14 Malyutka
AT-4 Spigot	9M111 Faktoriya
AT-5 Spandrel*	9M113 Konkurs
AT-6 Spiral	9M114 Kokon
AT-7 Saxhorn	9M115/6 Metis
AT-8 Songster	9M112 Cobra
AT-9 Spiral 2	9M114M1/2 Shturm 2/3
AT-10 Songster	9M117 Bastion
AT-11 Sniper	9M119 Reflex
AT-12 Swinger	9M120 Vikhr/Ataka
AT-13	9M131 Metis
AT-14	9M133 Kornet
AT-15	9M123/7
AT-16	9M120M, 9M121 Vikhr M

* Ursprünglich als AS-8 bezeichnet

Nächste Seite: *Eine McDonnell Douglas F-15E Strike Eagle von der 484. Fighter Squadron der 48. Fighter Wing überquert während der Einsätze im NATO-Luftfeldzug des Jahres 1999 gegen Serbien die Adria. Die Bewaffnung besteht aus AIM-120 AMRAAM, AIM-9 Sidewinder und lasergelenkten Bomben. Der USAF-Verband liegt auf dem Fliegerhorst Lakenheath in Großbritannien.*

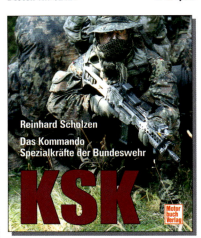
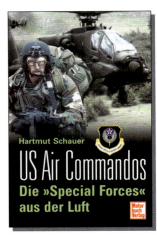
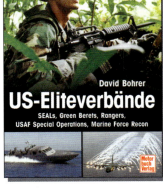